# 2015年安保　国会の内と外で

奥田愛基
倉持麟太郎
福山哲郎

# 2015年安保

民主主義をやり直す

# 国会の内と外で

岩波書店

# はじめに　政治の杭を打ち直す

西谷　修

## 劣悪化する政治への抗議

二〇一五年夏、日本の政治に何が起こったのか。

国会議事堂前に毎週木曜と金曜、山場のときには連日、大勢の人が集まって安保法制反対の声を上げた。多いときには一〇万を優に超える人びとが押し寄せ、国会前の広い道路や霞が関一帯の歩道を埋めた。梅雨や猛暑をものともせず繰り返される集会の熱気に押されるように国会審議は白熱し、数で無勢の野党議員たちも政権を厳しく追及、党派を超えて院外の集会とも呼応するようになった。結局最後は、倦《う》むことなく集う人びとの抗議の声を恐れるかのように、委員会場になだれ込んだ与党議員による「人間かまくら」に守られて、法案は参議院の特別委員会で「採決」されたことになり、そのまま本会議に送られ成立したことになった。

もともと、大多数の憲法学者や元最高裁判事や歴代内閣法制局長官までが違憲だとみなす集団的自衛権、その権利行使のための安保法制である。それを「合憲」だと言い繕うのは難しい。というより無理な話である。だから政府側の答弁の中身はボロボロ、審議すればするほど詭弁や言い逃れの破綻をさらすことになる。とうとうしまいには、法案を提出した政府は釈明を放棄して居直るようになった。珍答弁のオンパレードである。だが、どんな無理筋でも、審議のかたちさえ作れば議席数の大幅な優位で最後は決定できるというわけだ。

もちろん問題は安保法制である。これは安倍政権が目論む「戦後レジーム脱却」の要となる、日本を再び「戦争ができる国」にするための一括法案だった。戦後七〇年間曲がりなりにも維持してきた国の基本姿勢を根本的に転換する重要法案だ。それに反対が強いのも当然のことである。国会審議が進むにつれ、この転換が日本の自立どころかアメリカへの托身であり、すでに自衛隊は「軍」として米軍との一体化に踏み込んでいることも暴露された。

与党議員はこうしたことに何ら疑問も抱かないのか、「かまくら」要員か投票機械に成り下がっている。聞こえてくるのは、「メディアを締め上げろ」とか、「戦争に行きたくない若者は利己的だ」とか、それだけで議員の資質を疑われるような発言ばかりである。だがそれも、実のところ政権の意図を代弁しているだけなのだろう。

これほどの政治や政党の質の劣化のもとで、戦争体制を準備する法案が通されてゆく。実はこの夏起こったのは、安保法制そのものへの反対だけではなく、このような劣悪化した政治に対する抗議でもあったのだ。安倍政権は、自分の内閣の判断が憲法の要請に優先するかのような態度を押し通した。だから「憲法守れ！」というコールが起こり、「立憲主義」という耳慣れない言葉が力をもつようになった。前面に出るのは「民主主義って何だ！」という問いであり、「主権者は自分たちだ」という憲法に基づく主張である。

テレビドラマなら最後に水戸黄門に成敗されそうな連中が、「景気をよくする（儲かりまっせ）」のキャンペーンで票を釣って議席を浚《さら》いとり、後は数の力でやりたい放題をやるという政治。被災地の復興や原発事故の処理にまともに取り組む代わりに、オリンピックで目くらましをし、経済成長のために企業ばかりを優遇して、働く者や子育てする女性たちを困窮に追いやり、その手当をするよりも軍事化で国のあり方を強引に変えようとする。国民のための政治ではなく、四の五の言わせず国民を国家に奉仕させる体勢を作ろうとする。そして社会の疲弊を「安全保障」という名の軍事の壁に塗り込める、それがいまの政権の路線である。

　こういう事態にいちばん腹を立てるのは若者たちだ。かれらは絶望しているのではない。はじめに希望があったのなら絶望するだろう。だが、いまの日本の社会は若者たちからあらかじめ希望を奪っている。だから怒る。その怒りで、希望をもつ余地を自分たちで作ろうとする（かれらのひとりは「前を向くのに長けている」と言う）。とても困難な状況だが、かれらは閉塞する政治に希望の余地を開こうとする。地道に全力で。それは今の政治が、かれらの日常生活の足元まで浚ってゆこうとするからだ。それならここで、いま立っている日常の足場から声を出すしかない。そしてそこに希望の土塁を作ろうとする。それも夢想ではなく現実的に、日常と地続きで。

## 政府が「戦争」を「平和と安全」と言いかえるとき

「あたりまえの政治」をやってほしい。人びとが「まとも」に生きられるようにする政治、誰もがそれぞれに自由であり、かつ支えられて生きられるような社会、それを憲法が保障しているはずではないか。だったら少なくとも憲法を守れ。それに基づいて政治をやれ。そのことを政治家に要求する。自分たちが政治をやりたいわけではない。ふつうの人間がそんなことに首まで漬からなくてもよくするのが、国政を預かる政治家(それに官僚たち)の役割ではないのか。

政治のプロがその役目を忘れて、自分たちの都合のいいように国を変えようとする。だが国民はかれらの操縦するガレー船(手漕ぎの軍船)の奴隷ではない。民主主義って何だ? 民が、デモスが第一ということだ。だからこそいま、政治を専門家たちに任せてはおけない。勝手なことをするからだ。かれらを監視し、みんなのために働いてもらわなければならない。そのためだったら努力もしよう。声を挙げるだけでなく、工夫もしよう。政治をまともにするために関与もしよう。政治家たちに協力もしよう。そして政治の場を変えてゆこう。

それがこの夏の日本の空気を変えた若者たちの姿勢だ。安保関連法案だけではない。政治が劣化すると戦争がやってくる。戦争は政治の放棄であり失敗だ。能のない連中や目先の金儲けしか考えない連中だけが戦争を利用しようとする。戦争を禁じ手にしてはじめて、まともな政治が成り立つ。七〇年続いた戦後をここで棄ててはならないのだ。

政府が「戦争」を「平和と安全」と言いかえるとき、この社会ではあらゆることがらを語る枠組みが崩れる。社会内の相互了解やコミュニケーションが成り立たなくなる。そこで問答無用の規制や暴力が頭をもたげてくる。そういうことを社会の鑑ともいうべき政府がやっている。それでは社会の足元が揺らいで混乱する。

だから法曹界が反応した。法曹は政治ではない。政治が成り立つ枠組みに関わる仕事だ。社会を形作り運営するための枠組みだ。その軸を「法理」という。学者たちも立ち上がった。学者は人間や社会あるいは自然の認識に関わり、その知のありようを示す。その軸を「学理」という。その「理」がいま二つながら侵蝕されている。それを力の政治、「無理」の横暴という。無化されたその「理」を立て直すため、法曹界と学者たちが立ち上がった。かれらは政治活動を始めたのではなく、「理」の抹消に対して「理」を立て直せ、政治の杭を打ち直せと声を上げたのだ。それがほかならぬかれらの職分だから。

## 新しい政治参加のかたち

「無理」になぎ倒された政治の杭を打ち直す。若者たちが夜ごと(昼は授業やバイトがある)国会前の路上に集まるのはそのためだ。力を尽くしてまともな政治を取り戻す。それでなければかれらの未来がない。それぞれがまともに生きられる社会にしたい。かれらはそのために骨身を惜しまず活動する。表現や行動にあらゆる創意工夫を凝らす。どこにでも出ていって政治を糺《ただ》す場を広げる。それが、この夏に現れた人びとによる政治参加の新しいかたちだ。

この本は、そのように政治の杭を打ち直す現場をそれぞれに担って動いていた立場の違う三人が、この夏何が起こったのかを、包括的かつ具体的に語り合った記録だ。

新しい政治のかたちは、まだ芽が出たばかりだ。土壌はある。この畑に水を撒き、若芽を育ててゆかねばならない。それだけがわれわれの失いかけた未来、開かねばならない未来の足場である。

（にしたに・おさむ　哲学）

# 目　次

# 2015年安保　国会の内と外で

奥田愛基

倉持麟太郎

福山哲郎

# 1 民主主義は「終わった」か？

## 議会がだめなら世論が動くしかない

**奥田** 二〇一四年七月一日に集団的自衛権行使容認が閣議決定されましたよね。それから一年かかって、二〇一五年の国会で実際に法案が成立した。

運動的な話で言うと、もう二〇一一年からずっと、反原発デモがすごくがんばっていたけど、それに対して政治家があまりちゃんと応えてこなかったというイメージがあります。一七万人も代々木公園に集まって、大勢の人が何度も官邸前で抗議して、あれだけ反原発運動が盛り上がったのに、反原発を掲げた政治家が、二〇一二年の総選挙で勝てなかった。

実際には原発がまだ一、二基しか動いていないし、3・11後に再稼働した大飯原発は結局止まったことを含めて、むしろ社会的には脱原発の意思が通ったとも言えますけど、「政治」の世界にはあまりつながらなかった、という感覚がありますね。その後結局三回選挙がありましたが、デモをやっても、どういう意味があったんだろうという、うちひしがれた感じがあったと思います。

二〇一三年の参議院選挙でも三宅洋平さんが出たり、都知事選ではインターネッ党を設立する家入一真さんが立候補されるなど新しい動きはありましたが、正直言って、大きな手応えがあったという感じにはなかなかなれなかった。どうやって負けを少なくするかぐらいの雰囲気ですよね。

二〇一三年一二月六日に特定秘密保護法が通りましたが、あの時の議論を見ても、どう考えても国会の中でのバランスがおかしいことが明らかになったと思うんです。秘密保護法は、自民党内部でも見直したほうがいいのではという声があるにもかかわらず、けっこう早く通ってしまった。

そのとき「日本の民主主義は終わりました」「日本人のメンタリティは決まったことは忘れやすい」「若者も選挙には無関心」云々かんぬんと、ひとしきり言われた。「欧米に比べて日本の民主主義は、日本の若者は……」みたいな話を永遠にしている人たちがいるわけですよ。

自分は学生だし、法案が通る直前の一二月五日と六日に国会前に出かけたんですが、そうやって「よし、デモ行こう」と思ったときに、報道では「民主主義が終わりました」と言っている。でも、そんな中でも自分たちは生きていかなきゃいけないし、このあともこの政権は続いていくし、国会のバランスがこれだけ崩れていて国会の中では止められないわけですから、むしろ世論からどうやって歯止めをかけていくか考えないとどうにもならない。やっぱりここで終わりじゃないだろうという気持があったんですね。そのあと、ドイツに見学・勉強に行ったりして、法案をどう修正するかについても議論していました。

その時点では、あくまで議会の中が全然だめだから世論としてやらなきゃ、という感じで、政治家を呼んで話を聞こうとか演説会を聞こうとは、一ミリも思わなかった(笑)。

本当にみんな絶望していたというか、どうせ変わらないみたいな空気が強かったので……。

それは周りの友達がそう思っているというよりも、社会一般に「変えられない」とか「若者は無関心」というフレームがはまっているような感じです。これはけっこうきついですよね。何をやってもそう言われるし、発言権がないというか。

でも、初めてデモをやった時は、「たとえこれが五万人一〇万人来なくても、次に動ける一〇〇人が集まればいいよね」「こんな時代の中でもデモをやるような人たちが集まればいいね」と言っていたら、五〇〇人ぐらい集まった。

それが二〇一四年の二月です。二〇一三年一二月で多くの人は特定秘密保護法反対の運動をやめていく中で、二〇一四年二月に「特定秘密保護法に反対します」と表明した。議会政治はもうだめだ、革命を起こして国会を占拠しよう、ではなく、議会政治がだめだからそれを補う世論の喚起が必要です、という意味でした。僕たちは初めからそういうスタンスで、なめられないように勉強もして「修正または廃案を求めます」と言っていました。でも、新聞報道でも「特定秘密保護法に反対、戦争に反対しているんですか」「徴兵制はやっぱりこわいですか」とか、自分たちとしてはちょっと違和感ある取り上げられ方でした。

ツワネ原則(国家安全保障と情報への権利に関す

る国際原則）や、欧米各国では情報を公開していこうという動きがあること、9・11の時、情報統制が行き過ぎてテロが防げなかったという話などを知って、具体的な修正案も出したし、自民党の議員に会いたいとも要望して、情報公開法もしくは公文書管理法で補って法律をつくり直すことも提案していました。

やっぱり現実路線でやりたかったんですよね。与党の人も記者会見のたびに言うことが変遷して、政権がやりたいことと現実の条文のレベルが若干食い違っている気もして、与党の人でも納得してもらえるようなロジックでいかなきゃな、と。あんまりできなかったかもしれないけど、「学生だから感情的なんだろう」とは言われないようにやっていたつもりなんです。

## 沖縄の政治のありかたがうらやましかった

**奥田**　五月三日にも二回目のデモをやって、その時は団体のツイッターとかホームページもほとんどなかったので、知る人ぞ知るみたいな感じでしたけど、五〇〇人くらい集まった。七月の集団的自衛権行使容認閣議決定の時も呼びかけをしているんですが、そのときは、特定秘密保護法が、ナチスの「全権委任法」みたいに、情報分野に関して各省庁へのチェックが効かなくなるという文脈から、立憲主義について話をしていたんです。

そこへ解釈改憲が出てきて、まさに、こういうことがあるから立憲主義が大事なんだという見本が出てきたという感じだった。そこであらためて動画をつくって、呼びかけをしたんです。

一〇月二五日に三回目のデモをやったときは二〇〇〇人が集まった。東京、毎日、朝日の東京阪では一面になって、その頃からフランスやイギリスのメディアで取り上げられて、朝日の「ひと」欄よりも先に、フランスの新聞『リベラシオン』の「ひと」欄に載りました（笑）。「日本の若者に何が起こってるの？」というかたちで、海外のメディアにちょいちょい出てました。

でもその時は、よくわからない法案に対してちょっとリテラシー高いというか、面白いことやっているね、みたいな取り上げられ方で、そこまでのムーブメントにならなかった。

二〇〇〇人集まった段階で、次やったら一万人を超えるんじゃないかとちょっと期待して、一二月一〇日、法の施行日に官邸前で抗議したんですが、二〇〇〇人〜三〇〇〇人くらいだった。「一〇〇人来たらいいね」で始めたんだから、十分大勢の人が集まっているわけですけど、その時はまだ社会が変わるというよりも「あ、これ何か変わりそう」ぐらいな感じでしたね。

一方で、集団的自衛権行使容認が閣議決定されたあたりからずっとSEALDsの構想があって、法律をつくるのか改憲を先にやるのか、「どちらにせよヤバイ」と、立憲主義と民主主義を掲げてSEALDsをつくろうと動いていました。

一二月にSASPL《サスプル》（特定秘密保護法に反対する学生有志の会）を解散して、沖縄にみんなで行ったんですよ。ちょうど一一月に翁長雄志《おながたけし》さんが県知事に当選したところで、選挙の話がすごく面白かった。共産党系の人たちを自民党の人たちが応援するし、逆もしかりで、普通にデモの現場に県議会議員、市議会議員がめちゃくちゃ来る。「翁長さんが記者会見するから」と、その内容を同時解説してくれたり。

政治の世界で起きていることとデモをやっている辺野古前のテントがつながっていて、何か辺野古で事が起こると翁長さんも対応したり、稲嶺進名護市長が来たり、こういうつながり方ってうらやましいと思った。地元のメディアの人たちもすごい感度高いし、沖縄の人たちは党派性があっても辺野古新基地建設反対という一点で越えちゃっている。こういう選挙の応援の仕方はすごいポジティブで楽しそうだな、こういうことってどうやったらできるんだろうと思いながら見ていました。

いま、本土では政治政党はバラバラだけど、たとえば立憲主義で野党勢力結集ということができないか。ホームページでも「リベラル勢力の結集を」、元自民党の人でも誰でも自由と民主主義のためにいま立ち上がりましょう、と書いたんです。

## 世界的にはデモの季節

**奥田**　二〇一五年五月三日にＳＥＡＬＤｓを立ち上げたら、一四日には安保法案の閣議決定、一九日には衆議院の特別委員会で審議入りです。いろいろな言説をチェックしながら、法案の内容が出た時に、速攻で一五事例全部ほぼウソなんじゃないかという解説を書いたりしていました。

社会運動の文脈で言うと、僕たちがやっているのは、基本的に岩波の『世界』に載っているようなことの翻訳というか、自分らなりに「こういうことが言いたいんですよね、要は」という発信なんです。僕たちが論文を書いても、学生の論文なんて誰も読まないわけで、かなりわかりやすく、長くても六〇〇字ぐらいで、という感じでやる。

あと、社会運動ってすごく離れたところにあるようだけど、実はもうちょっと日常に近いものなんですよ、という提示ですね。若者は政治的に無関心と言われているけど、実際にはいろいろ思うことはあるでしょうとか、「憲法は守ったほうがいいですよ」「政治のことは別に好きになる必要はないけれど、民主主義国家なんだから、ある程度関わらないと安倍政権みたいなのが出てきますよ」みたいな、すごくあたりまえのことを言っていました。そして、「社会運動の常識」なんて知らないし、この団体のバックにはこの政党がいるなんてこともあんまり興味がないと、明確に言いました。

これまでの社会運動の文脈を全然知らなかったということは、結果的によかったと思います。かろうじて知っていたのが脱原発デモと、海外の人たちから教えてもらった反ヘイトスピーチの運動くらい。

実は世界的には二〇一〇年代以降はデモの季節で、オキュパイ・ウォールストリートもあれば、スペインの若者たちの運動、スコットランドやカタルーニャの独立運動もあるし、沖縄もまさにそうです。そういう海外の動きや反原発デモは、政治的な運動へのハードルをすごく下げてくれた。放射能が「直ちに影響はありません」という話も「ほんとに?」「わからない」と言ってもいいんだ、って思えた。

わからないというのはこわいじゃないですか。「本当に影響ないのか」「本当にアンダーコントロールなのか」とか。地震で揺れたということも一つあると思う。親戚や家族が影響を受けて、「政治」が議会の中だけのものじゃなくて、「いや、いま目の前で起こっていることなんですけど」という感じになった。

それだけ社会が危機的状況にあるということなのかもしれませんが、「政治」について正面から考えたり、国会中継を見たりしたことがなくても、何かしらそういうものを考えざるを得ないというか、誰にもリスクがある、という感覚。だから高校生も震災と原発事故のことを言うし、いまの大学生や高校生であれば、3・11当時は小・中学生ですよね。僕も高校卒業の時に震災なので、それがやっぱり経験的には大きい。

## 特定秘密保護法審議と同じことが起こった

**福山**　奥田さんの話を聞いて率直に感じるのは、僕らがいま安倍政権を批判しても、その底流に民主党の失敗があることを、謙虚に受け止めなきゃいけないということですね。戦後初めて選挙で単独過半数を得て政権交代をした民主党政権が三年三カ月で瓦解したことに対する非常に大きな失望感、やっぱり日本で政権交代は無理なのかという諦めが、いまの民主主義の危機や立憲主義の危機を起こさせている一つの要因として、僕自身は大きな責任を感じざるを得ない。それは出発点としては申し上げておかないといけないと思っています。

二〇一三年一二月六日の特定秘密保護法案を審議した最後、中川雅治特別委員会委員長に対する問責決議案でも、僕は深夜の演説をやりました。あの時も国会の周りに大勢の人たちが集まっていましたが、野党ともつながっている感じではなくて、大きな期待を寄せてもらっているというよりも、政治全体と溝があるという雰囲気だったように思います。特定秘密保護法自体は、非常に短い審議で、なおかつ全部の委員会が職権、いわゆる強行で決められて、地方公聴会は前日に強行に開催を決めた地方公聴会とは言えないような代物で、アリバイのように行なわれた。最後に他の野党との修正の話が出てきて、突然新しい文言や機関がたくさん出てきて、「何なんだ、それは」と言っている間に強行採決をやられた。

いま思うと、今回の安保法案は秘密保護法のデジャヴのような景色でした。SEALDsのように、特定秘密保護法への反対から、いまも活動を継続してやっているようなところはどれほどあったのか。国会の中でも、どれほど問題意識を継続させることができたのか。安倍政権は「民は忘れる」という姿勢でずっと来ていますが、われわれの政治文化に、少し考えなければいけないところはあると率直に思います。

二〇一四年七月一日の閣議決定も、実は国会を閉じた直後に閣議決定をしているんです。つまり、国会を避けるという安倍政権の姿勢は、二〇一四年七月一日からはっきりしている。集団的自衛権の解釈を変えるという、四〇年以上にもわたって日本の政治が維持してきた法的安定性を壊したわけですから、このことについて国会で審議をしないのはおかしい。そう言って、昨年の七月一五日に参議院の予算委員会で集中審議が行なわれて、ここでもやっぱり僕は質疑に立ちました。

この時にいくつか論点をあげていて、「集団的自衛権の行使をするというのは戦争に参加をすることですね」と直接総理に聞いたら、ほとんどしどろもどろの答えで、延々と三要件を言い続けた。なおかつ一五事例の中で、邦人輸送中の米艦の防護がありますが、アメリカの国務省のホームページには、世界中で何かが起こった時に、アメリカ人を助けてもらえるなんて考えないでくれと書いてあります。このことを示して、アメリカの軍艦に一般の市民を乗せるなんてあり得ないだろうと言うと、これも非常に歯切れの悪い答弁でした。

さらに、実は法制局がまったく閣議決定に対して審査を行なっていないことは、二〇一四年七月一五日の時点で、横畠裕介法制局長官から「審査はしていません。電話で意見なしと答えました」と答弁を引き出しています。

閣議決定直後の審議から一年経って法案が出てきて、法案の質疑に至るまで、相手側の答弁内容はほとんど変わっていないのです。つまり、それぐらい閣議決定の内容も、その後に検討してきた法律の立て付け、内容についても、非常に稚拙かつ乱暴なつくり方をしていた。それは、数があれば押し切れるという政権の傲慢さのあらわれで、それに一部の官僚組織が乗った。しかし抵抗感を持った官僚も一部にはいた、ということが、二〇一五年の審議の中で防衛省の資料流出などにより明らかになりました。

二〇一四年七月一日の閣議決定の前、二〇一三年八月、法制局長官人事で、安倍政権は禁じ手を使いました。外務省国際法局長を務めた小松一郎さん(二〇一四年五月まで在任、同六月死去)を連れてきて、むりやり法制局長官に据えた。小松さんは就任時のインタビューで、集団的自衛権の行使を禁じている憲法解釈を見直す、と言っています。ルールを破るこうしたやり方は、他にもNHKの籾井勝人会長、百田尚樹氏のNHK経営委員会登用など公共の人事の私物化にも全部つながってきます。小松長官の就任は一つの出発点だったと思います。

## 分断されるリベラル

**福山**　奥田さんが3・11のことをいわれましたが、私は当時、官邸で原発事故の対応にも関わっていました。二〇一二年九月に「二〇三〇年代原発ゼロ」を党で決める時に、党内のいろいろな意見があるけれど、とにかくこの方針を決めようとやっていましたが、これについても、閣議決定したものが閣議決定できていないというキャンペーンを張られ、そして再政権交代で安倍政権になって、原発ゼロの目標はなきものにされて、再稼働のレールが敷かれている。

しかしここも難しくて、「二〇三〇年代ゼロ」と言うと「即ゼロにせよ」という声が上がって、

結果として脱原発勢力が分断されるんですね。選挙も同様で、二〇一二年の総選挙、二〇一三年の参議院選挙、そして二〇一四年末の衆議院選挙と、争点はそれなりに脱原発、集団的自衛権、もちろん消費税等々出るんですが、そのたびに野党が割れる。

結果として自民党・公明党を利するという構造的なジレンマを、リベラル側は抱えていました。たとえば脱原発をしたいと思っている人たち、特定秘密保護法案はそもそもおかしいという人たち、それから、特定秘密があるのは国家としてしかたがないけれど、その

管理と開示について、もう少しルール化をするべきだと思っている人たちそれぞれが分断されていました。

ここに民主主義の限界を感じてきた人たちも多いし、僕もその中で、どう立て直していくのか、民主党が失敗したことの責任をかみしめながら問題意識を持っていたというのが、この二年ですね。実は、一年半くらい前から、学者の方たちと、「日本型リベラルの再定義と政党の可能性を探る」という勉強会を継続して行なっています。そこでもなかなか答えは出ない。

二〇一五年五月以降の安保法制の審議の中で、奥田さんをはじめとしたSEALDsのメンバーや総がかり行動実行委員会、日弁連(日本弁護士連合会)の方々、学者の会(安全保障関連法に反対する学者の会)や立憲デモクラシーの会、ママの会と接点を持つようになったのですが、これまでどちらかというと、ネトウヨも含めて嫌韓・嫌中や国家主義的な声のほうが大きくて、リベラルと言えば「何を寝言いっているんだ」と、すぐに蓋をされていたような空気がありました。その中で、勇気をもって、声をあげる人たちが増えてきた。僕らが探ろうとしていたリベラルの再定義と、日本の政党文化の可能性を、机の上でなく路上から熱烈に問題提起されたような気がしました。

## 野党はこんなに力がないんだ

**奥田** 特定秘密保護法の審議では、デモの報道を見ていても、年配の方が割合として多いんです。記者も六時頃の写真をパシッと撮ってそれでもう終わりという感じだった。秘密保護法に反対する市民の会などが火曜の夜に抗議活動をしていましたが、火曜日の六時半だと、学校もあるし、僕たちはやっぱり集まりづらい。そういうちょっとしたことでも、変えていきたいなと思っていました。

あの時も、最後は野党が協力して少しでも引き延ばすという画《え》になっていましたけど、「野党はがんばれ」みたいなコールが出るような空気ではまったくなかったですね。自分たちで何とかしなきゃという思いのほうが大きかった。野党は国会の中でこんなに力がないんだという感じもあったし、衆院から参院までどんどん進みましたよね。

**福山** 参議院は衆議院の半分の審議でした。

**奥田** メディアで騒いでいるわりには、議会で全然ストップがかからない。これだけ騒いでいるんだったら普通停滞してしかるべきというか、今回はちょっと無理かもとなってもおかしくないようなことが平然と通っちゃう。

あの時も、「特定秘密保護法に賛成か、反対か」というと「反対」が多くて、「賛成」なんて二〜三割しかいない。しかも街角シール投票をやると「わからない」が八割越えているのに、安倍政権の支持率は全然下がらない。しかも、安倍さんの支持基盤の一番は経済界ですが、二番目が支持政党なし。何か変だなと思うと同時に、じゃあどうするのか、という感じもあった。市民のできることというと、「この声がある」ことは確かだから、それを可視化させる、という発想しかなかったですね。

**倉持** 法律家も、特定秘密保護法のときから、これまでとは違う層が声を上げ始めていたのですが、具体的な政治の決定過程や法案審議に関わったのは、今回の安保法制が初めてだったと思います。

日弁連というと、「左の集団」のイメージも根強いのですが、実は弁護士のあいだでは、人権や憲法訴訟を扱っている人は「別の職業だよね」という意識もないとは言えない。若い法律家からすると、企業法務をバリバリやって、いわゆる「四大」と呼ばれている事務所に行くのがヒエラルキーのトップで、なぜそこまでしてデモに参加してるの? という分断がやっぱりありましたね。

僕は、もともと憲法学や法哲学が好きで、慶應では小林節《せつ》先生や、駒村圭吾先生に師事しました。これを実務家になっても生かせないかなと。別の視点での「実務」として、市民の人と対話できないかなと思ってました。そうしたときに、自民党の改憲草案が発表されて、第二次安倍政権が登場したあたりから、横浜で「憲法カフェ」を始めて、市民に憲法の話をしたりしていました。そのうち、横浜の他の弁護士さんとも一緒に交流するようになって、「あすわか(明日の自由を守る若手弁護士の会)」とも交流ができました。あすわかの人々には「右翼」と言われてますが(笑)。

これまで日弁連や各都道府県の弁護士会がやってきたのは集会が中心で、そこに来る議員も共産党、社民党が多くて、労組の団体が幟《のぼり》を持ってきて、そのあと意見書を書くだけという、「意見書帝国主義」と言われているような活動でした。集会をやって一〇〇〇人集まっても、平均年齢は七五歳くらい、その人たちのアンケートに「若者がいないじゃないか」と書かれる

（笑）。

## 2　いま問われているのは「理」

### 法律のプロとして立法過程に協力していく

**倉持**　僕はロースクールで憲法のゼミを持っていたり、憲法に携わってはいたんですが、どうやって法律家として政治とか現場に携わっていけるのかと思っていた矢先、今回の安保法制審議が始まる前の五月頃に日弁連に呼ばれた。審議に完全に張りついてウォッチして法案を分析して、求められれば政党を問わず情報提供するポストを置く、と言われたんです。つまり日弁連は今回、かなり踏み込んで、中に人を送り込み、ロビイング活動みたいなことをやったんです。初めてなんじゃないですかね。ただ、日弁連は強制加入団体なので、党派的な偏向はありませんし、持ってはいけません。なので、今回も、全政党にオープンな活動でした。

僕は、別に憲法を死んでも守りたいとか、不磨の大典だと思っているわけでもないし――もちろん憲法の価値は絶対守らなければいけないし、安倍政権に変えさせるなんていうことは絶対にないと思っていますが――これまで安全保障や九条関係で関わってきた護憲派の弁護士の人とは考え方が違う。僕でいいんですか？　と聞きました。

そうすると、日弁連は強制加入団体で、それこそ自民党から共産党まで、ニュートラルに情報を提供できないといけない、と言われたんです。結局福山さんを中心とした民主党議員の方たちと仕事をすることがほとんどでしたが、僕は個人的に自民党にもけっこう行きました。ほとんどまともに話せませんでしたけど（笑）。

野党議員とは、かなり密接に質問の段階から議論をして、国会に少しでもお役に立てたとしたら、法律家の仕事という点でも、新しい光が当たったたんじゃないかなと思いますね。ロースクール世代の僕らができることが非常に増えた。

立法過程に関わること、つまり法案を読んで、この法案の立て付けはこういうところがおかしいよ、という作業は、いままで弁護士はあまりやってこなかった。訴訟をやるか、企業法務畑で契約書を毎日見ているようなことが中心だったのが、法律のプロとして立法過程に協力していくという可能性が出てきたことは、たいへん面白いなと思いました。

奥田さんの話を聞いていて思ったんですが、僕も憲法カフェをやって、ママさんとか主婦の方とか、おじさんとか学生とも話をしていましたが、無力感や焦燥感もあったんです。つまり、「司法って何かできないんですか？」とか言われても、「いや、ちょっと……」、「憲法訴訟とか、難しいですね」としか答えられない。もちろん、憲法カフェも、一般市民の方々のふつふつと湧いてくるものを受け止める一つの媒体だったとは思うんです。そこに来て話を聞いて議論するということは大事なんですが、結局、モヤモヤしたままで終わっちゃう。奥田さんたちの活動が、そういう思いの受け皿になってくれたなと思いますね。憲法カフェに来ている人たちが、そのあと「デモに行こう」というふうにどんどんなっていったのを目撃しましたから（笑）。

## 立憲主義は法律家にとってのアイデンティティ

**倉持**　日弁連は、強制加入団体ですが、立憲主義はどの法律家にとってもアイデンティティというか、イデオロギーとは関係ないレベルのテーマなので、その立憲主義がないがしろにされていることに対して怒るという点では一致しているはずなんです。ここまで法を無視する政権はなかったので、そういうものに対する危機感と、これまでとは違うことをしなきゃいけないという危機感が日弁連にあったと思います。そのような危機感を持って動けないなら、法律家団体として存在価値はないですよね。

今回、サポートをしていて実感があったのは、法律家であるというのは、ある種、無色透明なんだな、ということです。相手が極右だろうが極左だろうが、「法律家として、法律がおかしいので、それを言っているだけです」、そう言うと、わりとみんな話を聞いてくれる。日弁連の集会に、それこそ維新の党の柿沢未途《みと》さんまで来て野党の皆さんが手をつないだのも、日弁連が接着剤になれたという要素があると思います。我々法律家が政治の接着剤になれるということがすごくわかったなという手応えはありますね。

さらに、これまで「象牙の塔」にいた人たち――学者の人たちも今回は動きました。二〇一三年、九六条先行改憲が打ち出されたときに、やはり立場を超えて、いろいろな法学者が立ち上がった。右・左とか戦争反対とかいうことじゃない、理《ことわり》というか、国を規定するいちばん重要な決まりに対しての蹂躙、冒瀆への反発が大きかったのだと思います。

**福山**　月並みな表現をすれば、立憲主義に基づいた社会を所与のものとするのか、いや立憲主義じゃない、一定の数の力で権力を持てばそこははみ出てもいいんだということなのか。そういう新しい軸ができたと思うんです。その軸には、それこそ日弁連や立憲デモクラシーの会とか、いままであまり政治的にコミットしなかった人たちが危機感を持って集まった。先ほどの研究会にしても、リベラル派の人たちは、論壇等で「おかしい」と発言はしてはいて、知識人の役割としてそれはとても重要なのだけれど、政治的には力が持てないし、社会的な実践力もどんどん縮小していて、精神科医の斎藤環さんの言うヤンキー的な色合いの強い安倍政権の、ある種の「いてまえ」みたいな空気が蔓延する。

リベラルが力を持てないことの象徴として、「党内がばらけて言いたいことを言って政権を投げ出した民主党」みたいな像が重なるんですね。日本のおかしなところで、自民党支持の人たちはみんな堂々と表明するけれど、リベラル政党を支持してます、とは堂々と言わない。党派性について言及するのを避けるんです。

自民党は業界団体が支持者ですから、我々の利益を守ってくれるから応援するという話で、予算をとってくれる自民党を応援しましょう、代わりに票ですね、という構図がはっきりしているわけです。リベラル側は反原発でもそうですが、分断されている部分があるし、党派性にコミットするのを避ける傾向がある。各種団体はそれぞれいろいろな人たちが集まっているので、なかなか糾合できない。

でも、そこに今回は一つの風穴があいた。九六条の会から始まって、安倍政権の政権運営とか、安倍政権の目指す日本国の将来に対して、このままでいいのかという懸念がどんどん可視化されて、逆に市民が一歩前に出て、さらに奥田さんのような若い人たちが一歩踏み越えてくれたんです。

その姿を見ていて、僕が政治の側に言ってきたのは、政党の枠組みのほうがよっぽど古いんじゃないの、ということなんです。人々の反安倍政権の動きの受け皿になるメッセージ力が、政党側にない。政治家も――自民党も我々自身も――そういう新しい動きと正面から向き合う、対峙する能力も勇気も実はあんまりない。あの人たちはこうだと逆にレッテル貼りをして避けるような傾向が永田町、政治の側には強いんです。そこに政治側の一つのブレークスルーが必要なんじゃないかなという気がずっとしていました。

九六条の会ができたり、デモ参加者に老若の年齢の幅が広がってくるなかで、それぞれのグループや個人をまとめるというか、「ここしかない」と可視化するすごい突破口となり、求心力を持ったのは、やっぱりSEALDsだったと思います。

## SEALDsは新しいことを言っているわけじゃない

**奥田**　でも、SEALDsのコンセプトは別に新しくはないんです。たとえば九六条の会の学者の人たちが言っていたこともそうだし。僕は九六条の会、立憲デモクラシーの会の記者会見も二〇一三年の段階からほとんど見ていましたが、同じようなことを言っているんです。それと僕は、法学をやっていない日本の大学生としては、日弁連のホームページにいちばんアクセスしていると思う。

**倉持**　僕はきちんと見たことないです(笑)。

**奥田**　一応、意見書とか出るたびに見てました。長いのかと思ったら、意外に短いんですよね。じっくり読めるやつと短いのと両方出してくれていて、わかりやすい。

**福山**　究極が強行採決後に出た新潟県弁護士会会長の「おかしいだろ、これ」(笑)。

**奥田**　立憲デモクラシーの会の人たちも、自分が知ってるだけでもこの先生とこの先生は全然主張が違うのに、隣に並んでる！　とか、政治学の人と憲法学の人が一緒に記者会見をやっていることも含めて、何が起こっているんだろうっていう興味はありました。

二〇一三年、一四年の段階で、九六条の会、立憲デモクラシーの会の記者会見のほとんどの内容は、「立憲主義とは何か」の説明です。「憲法とは」ということを、樋口陽一さんや奥平康弘さんが言わなきゃいけないのか！　と思いましたね。

**倉持**　我々としてはおお、聞きたいなというところがあったけど(笑)。久々に落合がバットを持ったみたいな(笑)。

**福山**　ましてや、東大法学部出身の補佐官が「立憲主義は習ったことがない」と言っている事態だからね。

## 常識や論理を超えている安倍政権

**奥田**　僕らにとっては、その説明がすごくわかりやすかった。ロジックが明確だし、立場を超えて共有されている前提だから、これは右左の話じゃない。基本的にみんなが指摘しているのはほぼ同じところで、それは本当にイデオロギーの手前の〝理〟なんだと。

地方公聴会の中でも、基本的な論理が変わっていないのだったら同じ解が出てくるはずだろうという意見がありましたよね。僕の出た中央公聴会でも、元最高裁判事の濱田邦夫さんが、日本語が読めるのであればそうは読めないと話したり。

でも、ずっと同じことを言い続けなければいけない、そのことにいま危機感を持ってるんです。哲学者の西谷修さんは、いままで「白」という漢字に「しろ」と平仮名をふって、それで共通認識だったのが、「それ『くろ』って読めるんじゃない？」という話になったら、自分は何を教えたらいいのか、と言っておられたけど、安倍政権は、常識や論理を超えたところにいこうとしている。

「やろうとしていること」と「実際にやっていること」の、パッケージが違う。もともと自民党を応援していた人たちでも、政権に対して、「ここら辺で踏みとどまったほうがいいですよ」というメッセージを出していた人もいたと思います。

**倉持**　甘かったかもしれないけど、今回我々法律家は、政権があそこまでやるとは思っていなかった。あまりに論理を踏み外してるから。

九六条先行改憲を言い出したときに、「いや、ちょっと待てよ」となりましたが、そのあと解釈改憲が出てきて、本当に筋悪だなと思い知るんです。もちろん、特定秘密保護法のときから予兆はあったわけですが、「えーここまでやるの」という衝撃で、けっこう即席でワッと集まった感がある。

**奥田**　二〇一三年の特定秘密保護法の審議のときにも、学者の会（特定秘密保護法に反対する学者の会）が立ち上がって、約三〇人がメンバーとして名を連ねていましたよね。大学でも、たとえば経済学の授業で、突然特定秘密保護法の話を始めた先生がいたり。

**福山**　そういうことがあったんだね。

**奥田**　いままでデモとかばかにしていた先生が、「デモしてるから、行ったほうがいいよ」「だって、これは怒るでしょう」と言ったりして、すげぇびっくりしたんです。でも、結局学者の会が立ち上がったのは、一一月末でした。

**福山**　審議が終るというときですね。

**奥田**　何千人がデモに集まるのも、参議院で審議が始まったときぐらい。それで結局、記者会見の二週間後には法案が通ってしまった。

その無力感というか、「どんなことをやっても……」みたいな感じ。その反省があったから、けっこう早い段階からちゃんとやろうというのは各々考えていたんですよね。記者会見をやるだけではだめだし、「僕の本を読んでください」でもだめだし。

## 閣議決定されたら法案出ちゃうじゃん

**奥田**　二〇一五年五月一四日の安保法制閣議決定の時、ちょうどレポートの締切が近づいていて、朝まで勉強してたんです。戦後史とか憲法学のレポートを同時並行で書いていると、閣議決定の意味が響いてきたし、「閣議決定されちゃったら法案出ちゃうじゃん……」と思った。

特定秘密保護法の時の感覚で言うと、衆議院を通ったあたりからみんな焦るんです。世論もそのぐらいからあたたかくなってくるから、僕らも衆議院を通ったあたりでいいんじゃないかと、どこかで思っていたんです。六月だと学校ど真ん中だし、七月の終わりぐらいだとできるかな、と。

でも、閣議決定の知らせを聞いて、朝ツイッターで「ちょっとむかつくんで、抗議行きますわ」と書き込んだら、一〇〇リツイートぐらいされて、行ってみたら二〇〇〇人ぐらい集まっていた。それで、SEALDs一発目の抗議をしましょう、となったんです。そのあと、金曜日の反原発官邸前デモの感覚で、国会前に毎週集まっていくことになります。

やっぱり三週間前とか二週間前ではだめで、ここで何回かやったほうがいいんじゃないかと。七月末の参議院通過を目指すと聞いていたので、六月三日にフライヤーをつくったんです。

それを「本当に止める」と六月四日にバンと出すと、六月四日、長谷部恭男、小林節、笹田栄司、三人の憲法学者が「違憲」と言ったことと完全にのっかって、六月五日の初日には小林節さんが国会前に来るという感じでした。

始めたときは八〇〇人くらい、毎週毎週やっていくと、晴れた日には二〇〇〇人くらい集まるんですけど、六月一四日になると六〇〇〇人ぐらい。そこに来る人も、相対的に若者が多かった。これが二万人とかになると、若者の人数はそんなに増えなくて半々ぐらいの感じなんですけど、初めは、写真を撮ったら若者しか写っていないぐらいの感じだった。だんだん世代感が出てきて、『報道ステーション』で流れたり。

確か七月一一日とか四日、その前の週の金曜日に、ＳＥＡＬＤｓという名前でたぶん初めて出た。その頃から「学生たちが抗議」じゃなくて「ＳＥＡＬＤｓ」という名前がだんだん出始めました。

**福山**　六・四の憲法審査会の三人の違憲表明、特に長谷部先生ですが、それは立憲主義をテーマにして参考人を呼んだので、この法案がテーマではなかったのですが、あそこが一つのメルクマールになった。全体の流れが大きく動いたと思います。

重要だったのは、「そうか、違憲だとみんな薄々思っていたけれども、三人とも違憲と学者が言うぐらいだから、自分らが違憲と大きい声をあげても許されるんだ」という気分に全体がなったことですね。

**奥田**　六月五日の小林さんのスピーチで印象的だったのは、集団的自衛権については「九条二項はこれを明確に否定しているんですよ」と言い切ったけれど、「細かいことを言ったらケンカになるので、いまは言いません」と言われたことです。あの立ち居振る舞いは、その後の抗議活動でも参考にしています。「このままだったら野蛮国家になる」というときに、細かい差異を気にしている場合じゃないと。

「いま大事なのはこれですよね」、と僕ら、もしくは護憲派ゴリゴリの人が言うのと、小林節先生が言うのとは何か空気感が違うんですよ。

**倉持**　樋口陽一さんも立たれましたね。次の週は、津田大介さんと古賀茂明さん、小森陽一さんと西谷修さんが来てくれました。

**奥田**　三週目でした。ツイッターでも、ありとあらゆる学者の人から「えっ？　樋口先生が……」っていう反応でしたね。

**倉持**　ゲストはどうやって呼んでいたんですか。

**奥田**　あれは学者の会の発足の時に記者会見があって、「そこへ行っていいですか？」とメールして、教育学の佐藤学さんに挨拶すると、秘密保護法の時は発足が遅かったし、市民の方と一緒にやることもなかったから、今度は違うふうに動きたいとおっしゃってて。それで、事務局の人に連絡して、毎週抗議をやっているから、誰か来てくれないか、相談してみたんです。

そこからほぼ二週に一ぺんとか佐藤学さんと会っていました。毎回、「次はどうする？」「こうしたらいいんじゃないですか」と、同じテーブルで学者の方二人、僕ら二人で打合せをしたんです。それで、三週目ぐらいから国会議員の方も呼ぶようになったんじゃないかな。

四週目は晴れて、晴れたらこんなに人が来るんだ（笑）。梅雨時だし、僕らの抗議は雨ばっかりで、絶対今回、とんでもない雨男がいたんですよ。でも、だんだん国会議員の方も来てくれるようになっていましたね。

## SEALDs渋谷ハチ公前街宣で野党が握手

**奥田**　もう一つでかかったのが、六月二八日に渋谷のハチ公前で街宣やっているんですよね。

**倉持**　そこで共産党の志位和夫さん、維新の初鹿《はっしか》明博さん、民主党の菅直人さんが握手した。

**奥田**　そうそう。メディアでも、「こいつら、何か違うことやるぞ」というふうに取りあげ

戦争法案に反対するハチ公前アピール街宣　2015 年 6 月 28 日，渋谷．撮影＝矢部真太(SEALDs)

られたのはこの辺からですね。結果的にですけど、僕らが目指している方向はこっちだから、議員の方々にもいまは取りあえず協力してくれと、みんなで応援しやすくなった。

そのあと、初鹿さんがそこで志位さんたちと握手したことが話題になるんですが。

**福山**　どういうこと?

**奥田**　ツイッターで大阪系の議員が初鹿さんを批判して、初鹿さんが処分を受けたんです。でも初鹿さん自身はけっこう車の上で生き生きと……(笑)。

ここで野党側を協力させるという感じのことをやってみたわけですけど、来ている議員の方はけっこうバラバラというか、菅さんと初鹿さんと志位さんという「ん?」みたいな(笑)、しかも社民党は党首ではなくて、市議の佐藤梓さんが来ていた。でもいちばん盛り上がって。あとは山本太郎さん。各党に要請を出したんですけど、維新の党はけっこう難しかったので、個別に「知り合いいないですか」と。あの時は確か、ツイッターの相互フォローをしてくれていた議員さんは民主党の細野豪志《ごうし》さんと有田芳生《よしふ》さんしかいなくて、両方ともお願いしたんです。

この日は晴れてよかったんです。警察から相当押されていましたからね、何かあったら、と。でも結果的に交通整理が超うまくいって、めっちゃ褒められました。あと、メンバーがナンパされたらしいです。さすが渋谷（笑）。しかも、ナンパされながら安保法制の話をする（笑）。

その日、渋谷になぜか友達がすげぇいて、そのあと学校に行ったら「この間渋谷へ行ったらさ、車乗ってたのおまえじゃね？」（笑）。「菅直人さんの隣にいたよ」「そうなんだよね。こんなのやっててさ」みたいな、意外にうけがよかった。「渋谷の真ん中ですごいね」って。

## 路上に増え続ける人、緊迫する国会審議

**倉持**　こうして院外での動きが活発になって、人が膨れ上がっていく様子を、院内ではどういうふうに受けとめていたんでしょう。

**福山**　渋谷の街宣行動はやっぱり、すごい動きがあるなとは思ってはいたんですけど、正直言ってその頃僕自身は、参議院に回ってきた時の闘いをどうするかで頭がいっぱいでした。五月二八日、辻元清美さんの質問のとき、総理が「早く質問しろよ」とヤジって、審議が荒れた。五月二九日に後藤祐一さんが、ホルムズ海峡への自衛隊派遣の要件について何回も岸田文雄外務大臣に質疑をした。それで大臣が答えられなくなって流会になりましたね。

そこに、六月四日の憲法審査会で三人が「違憲」を突き付けた。だから、実は国会内も、五月の終わりから六月の周辺にはあったまっているんですよ。

**奥田**　僕らも五月の時点で、岡田克也さんと志位さんの党首討論がフェイスブック上でシェアされたり、国会質疑の書き起こしがどんどんリツイートされたりして、国会をウォッチしなきゃ、という感じがすごくあった。後藤さんとかが国会前に来ると、すごい盛り上がる。「昨日も質問しました」「オーッ」みたいな。

**福山**　民主党から国会前で挨拶させてもらったのは、後藤さん、大串博志さん、辻元さん、それから寺田学さん……。

**奥田**　寺田さんは、唯一Tシャツで毎回来てくれるという、謎の議員さん。

**福山**　寺田さんは、政治家というより、みなさんと同じくデモ隊の一人みたいな気分だったと思います(笑)。

**奥田**　一見、国会議員とは思えない。メンバーも、「あのイケメンは誰だ」と(笑)。

**福山**　その頃僕は、特別委員会の委員と、倉持先生たち日弁連の方々と、本当にいろいろな議論をしていました。

**倉持**　そうですね。六月に入ってからやっとあったまってきたというか、最初は我々も審議をまとめて論点だけを出すようなことをしていたんですが、六月に入ったあたりから、Q&A全体を勉強会で出そう、興味を持っていただいた方には個別にお話をしようとなって、辻元さん、寺田さん、大串さんにはかなり詰めて質問に反映していただきました。

ただ、もうこのあたりは「日弁連として」というよりも、完全に「一法律家として」、活動していました。日弁連からも、私と、参院の横浜地方公聴会に立たれた水上貴央《たかひさ》弁護士は、「関東軍」と呼ばれていましたから(笑)。

**福山** 「腐った味噌汁」の質問から、横畠内閣法制局長官のフグのたとえが出てきたのもこの頃ですね。

**倉持** 「腐った弁当」案もあったんですが、どこをすくっても腐っているわけですから、最終的には味噌汁でいこうと。

かなり、実践的な議論をしていたと思います。

**福山** 衆議院側は、民主党はほぼ固定メンバーでした。安住淳国対委員長代理が指揮を執って、朝夕にミーティングをして、その日の国会報道で何が一番取り上げられているかをチェックして、夜の一一時頃に次の日のバッターに電話がかかってくるんです。メディアなど社会の関心の高いテーマでもう一回追い打ちをかける。そこに倉持さんのチームに関わっていただいていたわけです。僕は横目で衆議院のやり方を見ながら、参議院どうする? と思って、大変なプレッシャーでした。それで、倉持先生たち日弁連と民主党衆議院のメンバーの勉強会に、三週間ほど陪席させてもらいました。

**倉持** 参議院からは福山さんだけでしたね。

**福山** やっぱりその空気を参議院側につなげなくてはいけないと思って。大勢で行くと迷惑だし、コソッと陪席をさせてもらって、その状況を見ながら参議院側には、「衆議院は相当綿密にやっているので、参議院側も事前の準備をしなきゃ」と執行部に伝えながら、徐々に参院の空気もあったためていく準備をしていた。衆議院の終盤に広田一《はじめ》さんにも加わってもらった。

## 野党がどれだけ画をつくれるか

**奥田**　衆議院は固定メンバーと言われましたが、平時じゃない布陣、有事の布陣で質問できる人を揃えてガンガン行っているんだなということはわかりました。だからこそ「国会が面白いぞ」感が出てたと思います。

ちょっとごはん屋に入って国会中継見てたら、答弁終わるまで出られない。しかも、「立憲主義を守ったほうがいい」とか、あたりまえのことを言ってもらうだけですげぇうれしい（笑）。後方支援の話のときの「英語で言うと何ですか」「ロジスティックスです」みたいな話も。

みんなが思っていることを本人にぶつけて、自民党の人が答えられないという場面も結構あった。最後、たたみかけるようにバーッと喋ったりしてるだけで、「やべぇ」「かっけぇ」（笑）。

倉持さんがそのサポートをされていたんですね。

**倉持**　そういう質疑の準備に協力できるのって、実は弁護士ぐらいだと思います。国会質疑は、法廷の反対訊問をやっている状態なんですよ。法律の条文を緻密に精査できて、反対尋問ができる職業・職能集団って、実は弁護士くらいしかいないんですよね。

**福山**　衆院では、緻密に細かく、大臣との答弁を全部チェックしながら、「この答弁ちょっと矛盾がありますから、ここを衝かれたらどうですか」とか「こういう法的な論点がありますすで疲れないで力を尽くしてもらえるかを一生懸命考えていました(笑)。
よ」と整理していただいていた。私はそれを見ながら、いかに人間関係をつくって、参議院ま

**倉持**　僕と水上貴央先生とでお話することが多かったですね。僕と水上先生とで議論したものを素材にしたメモを作成し、それをもとに討論をしていました。

国会の質疑に関わって僕たちが一つ学んだのは、論理だけではもうどうしようもない、ということでした。特に福山さんから学んだのは、どれだけ画《え》をつくれるか、です。

向こうは苦しくなったら、まったく関係のないところで、新三要件を読み上げるんですよ！　そんな人に質問してもどうなるんだ、というところがあって、「あなたウソついていますね。ウソをついているのを認めるか、この法案を修正するか、どっちかしかありませんよね」、そういう場面をどれだけつくれるかが重要になってくる。

衆議院の時は論理、論理で詰めて、ここは矛盾している、この法案のここの答弁がこうだ、というやり方でずっと攻めていたのですが、参議院に入ってからはあえて戦略を変えた。たとえば蓮舫《れんほう》さんはバンと画をつくれる人で、そういう場面ですごく光っていたと思います。

## 3　憲法はもう要らないのか

### 論理の破綻も一切無視して突き進む

**福山**　今回の審議の特徴は、これは安倍政権の非常に大きな特徴でもありますが、都合の悪

いことは、一切無視して突き進むということです。

国会答弁で論理の破綻が指摘されると、役人もその答弁を聞いていますから、上書きするというか、その後答弁が修正されたりして、法案の穴がいったん埋まって、それを前提に次のステップで法案の解釈なり運用なりが議論される。それがこれまでの一般的な国会の質疑です。ところが安倍政権は、その場で失敗を認めようが、論理の破綻が明らかになろうが、平気で破綻した答弁を繰り返したり、前の国会で否定されたことをテレビ番組で口にしたりする。つまり、法律の立て付けが悪い部分について、審議のプロセスや積み上げは一切、意図的に無視して、自分のポジションをずっとキープをして言い続けるのです。要するに非常に質の悪い国会審議になっていました。

さすがに官僚はそういうやり方には抵抗があると思いますが、答弁する側が上書き修正を受け入れないいんだと思います。

**奥田**　僕らが出たテレビ番組に自民党の議員も出ていて、「これ、安倍首相はそう言ってませんけど」と言うと、「いや、首相とはちょっと考え方が違い、私はこう思います」と言われた。そうなると、国会の意味って何なんだろうと。嘘でもいいから上書きしたほうがいいんじゃないですかと言いたくなったし、ずっと言い続けてきたホルムズ海峡機雷掃海の話も、最後の最後で撤回で、「やっぱりそうですか」という感じ。

**福山**　だから、あの一五事例は一体何だったのかという、話がもとに戻ってしまうんです。

**奥田**　参議院が終わった時の感想は、この不毛さは何なんだろうという感じでした。

**倉持**　与党の議員に、「あなたたち、それでいいの?」と問いたいまま終わっていることが、たくさんある。

**福山**　論点が収斂しないまま終わっているんですね。平和主義・専守防衛は変わらない、法案は合憲である、例外としてのホルムズ海峡、米艦防護、自衛隊のリスク論……、これらは全部崩れている。審議のなかで自らが崩していったにもかかわらず、結果としては強行するのであれば、奥田さんが言われたように、国会の審議って一体何だったの? と思います。

**奥田**　審議しなくていいじゃんという話になりますよ。

さっき、「腐った味噌汁」の話が出ましたが、たとえ話も異様に多かったですよね。

**福山**　たとえ話が多いというのは、論理的に説明できないということですから。首相自身がテレビ出演して例に出した火事の話も、愚かとしか言いようがない。

**奥田**　それを見た友達が、あまりに意味がわからなくて不安になったって言ってました。たしかに、「前までは戸締りでよかったところが、最近は振込詐欺とかオレオレ詐欺のような犯罪があるから、一家だけで安全を守ることは難しいです」と言ったあと、「この図をご覧ください」と、隣にボヤが起きていて、母屋に移ったら消火は難しいけれど、離れでやっている分には集団的自衛権は限定的に認められますと言っている。でも、「ご覧ください」じゃねえよって感じで、初めのオレオレ詐欺と戸締りの話と、火事の話がどうつながるのか、本当にわからない。

**倉持**　たとえられてもいない。

**福山**　何で離れは行けるのに母屋は行けないのか全然わからない。しかも首相は母屋へは行けないと言っているのに、法制局長官も中谷元《げん》防衛大臣も、三要件に照らせば母屋にも行けますと言っているわけですから。

## 「国を守れなくていいのか」という恫喝に終始する賛成派

**奥田**　それから、ニコ生での麻生太郎さんと菅さんの話も、「菅さんは、直接は助けられないけれども、安倍さんを殴ろうとして麻生さんを殴っちゃった場合は、もともとは安倍さんが狙われているわけですから、集団的自衛権は限定的に認められる」、そういう設定だった。

バカにされているんじゃないかと思うんだけれども(笑)、僕に殺害予告が来たので、警察に届け出を出したら、「やっぱり集団的自衛権を行使するんですか」と言う人がいたんです。あの話を真に受けちゃったら、そう思うのかな。

**福山**　衆議院と参議院で、政府側の答弁は確実に変わりました。衆議院側では、何とかホルムズ海峡と米艦防護で説明しようと思っていたのに、説明しきれなくなった。そうすると、自民党側の与党質問は、「中国」という国名を具体的に出して、議論し始めたんです。でも、苦し紛れに仮想敵国みたいな議論をするのは非常に危ない。自民党の若い議員が「南シナ海を守れないのはおかしい」と言っていましたが、一体どこまでこの国の領海だと思っているのか。

さっき倉持さんが言われましたが、論理で議論ができない。だから、全部エモーショナルな、煽動的な議論になる。「国が守れなくなってもいいのか」、それだけになる。そうすると自衛権は万能でいくらでも拡大できるという、危ない話にどんどん入っていくんです。

**奥田**　五万歩ぐらい譲って、安全保障でシーレーンに対応しなければいけませんという主張はあり得ると思います。でも「間の議論」がすっ飛んでいるという感じがするんです。僕らに対して「学生デモは戦争に行きたくないという自分中心、極端に利己的」と言ったあと、未公開株の売買斡旋がわかって自民党を離党し、国会を休んだ武藤貴也という議員がいますよね。彼の発言を見ると、ブログで、国民主権とか基本的人権尊重とか平和主義は、戦後の失敗である、と書いています。日本人の精神を蝕んだ、と。

これが自民党のベーシックな議員の考えなのかどうかわかりませんが、「戦後レジームからの脱却」を主張していると、日本国憲法なんて恥ずかしいとなって、そこから改憲とかその手続などが全部飛んで、国民主権がおかしい、民主主義がおかしいと、一気にそういう話になっちゃうんです。

**倉持**　そういう議員は実は多いと思います。リーガルリテラシーがものすごく低いということは、僕も如実に感じました。自民党の関係者の話を聞いても、かれらは「この法案がいらないと思ってるの？」「我が国を防衛できないでどうするんだ」と言うだけで、法案の具体的な話はできない。法案を読んだ形跡が見られないし、法律や憲法を語る常識的な作法が圧倒的に欠けているんです。そのことは、今回、政府の賛成の側で出てきた参考人の方々の意見に集約されていると思いますね。

**奥田**　それって、単に個別的自衛権を拡大するとか集団的自衛権を容認するという話よりヤバイ気がするんですが……。

**福山**　その「ヤバイ感じ」をみんなが共有したからこそ、全国であれだけ人が集まったんだと思います。ただの政策論の賛否では、これだけの広がりにはならなかったと思います。

## 自民党の議員は法案を読んでいない？

**福山**　「一体自民党の議員で何人この法案を理解されていますか」ということなんです。審議している最中にヤジも出ないわけですよ。それは中身をわかっていないからです。だから、「戦争法案と決めつけるな」とか、私の本会議中の演説でヤジが出ましたが、「おまえの質疑はいつも同じじゃないか」とかしか言えない。本当に議事録を読んでヤジっているのか、失礼千万です。

与党協議はほんの数人の自民党と公明党の議員だけで決めて、法案ができたあと参議院の自民党は法案の勉強会を開いている。一部の議員しかこの中身を共有できていないからです。なぜ、自民党では村上誠一郎さん以外誰も声を上げなかったのか。国会議員は声を上げないと、何のための国会議員かわからないわけですから、すごく気持ち悪い状況だと思います。

曲がりなりにも国民政党としてさまざまな意見を受け入れてきたのが自由民主党のよさだと思いますし、派閥の機能も、その多様な国民の意見を受け止める受け皿としての一定の意味があった。ところが、今や金太郎飴みたいな状況で、何も誰も話さない。そして、かつて集団的自衛権の行使は憲法改正以外ではできないんだと答弁をしていた、それなりに当選回数の多い閣僚経験者までが立場を変える。この怪しさは、「政治に対する不信感を募らせる」なんていう次元を越えているんじゃないでしょうか。

**倉持** 自民党は衆議院で二九一議席、参議院だと一一四議席ですよね、そこに多様な価値観があって討議があるから、二九一票、一一四票になるんですよ。今の状態では一票です。自民党という固まりで一票。だから、これは強固であるように見えて、すごく脆弱な決定なんです。民主主義の観点から見てもきわめて危ない。

逆に言うと民主党は、集団的自衛権をもしかしたら容認なんじゃないかなという方々も含めて多様なガチンコがありながら、いざ国会では丁々発止の鋭い質問を出していたし、参院もそれぞれの個性が出ていい質問が多かった。そういうのが政党の魅力だと思うんですが。

**福山** 僕らの反省は、政権党時代もそうなんですが、一度まとまったにもかかわらず、納得しないといって外で違う意見を言って、結果として党の意思決定に反した行動が見られたことです。でも、党として意見をまとめる段では、いろいろな意見があって当然だと思うんです。逆にそうでなければ気持ち悪い。今回、我々が多少学習したのは、党としての意見を言ったあとは、審議の中でも国会対応の中でも突然変なことを言い出した人はいなかった。それは、党内に集団的自衛権を一部認めてもいいんじゃないかと考えている人はいても、こんな形で憲法解釈で変えていいとは誰も思っていなかったということです。

## 「やりたいからやる」政権にどう対抗するのか

**奥田**　この間、『エコノミスト』など海外のメディアが、安倍政権批判をたくさん書いていたように思います。「あなたの国の首相はどうなんですか」と思わないわけではないですが、書き方が面白くて、日本の政治体制はもうブレーキが効かなくなっている、言論の自由への理解のなさ、国会運営の仕方もひどいと、海外からの指摘のほうが本質を衝いているなと思って。ナショナリズムに結びつけて書いている記事も多かったですね。

でも、論理じゃなくて、「やりたいからやる」という政権に対して、どうやって対応するのか。ここがおかしい、とていねいに説明しても、「いや、結論はこうだよ」とひたすら言われている感じがして。

**倉持**　水上先生も言っておられたけど、将棋で言うと完全に詰んでいるのに後ろから新しい将棋盤が何個も出てくる感じ(笑)。

**奥田**　でもテレビで国会の様子を見ると、何か真っ当っぽいんですよ。ＮＨＫのニュースを見ると、「それは当たらない、と大臣が否定しました」、それでおしまいで、「えっ？」みたいな。

**福山**　答えているところしか切り取らないから。

**倉持**　すごく特徴的なのが、討論番組で賛成・反対それぞれの立場の人が出てくると、賛成派は笑みを浮かべて、ゆったり構えている。一方、反対の人は身を乗り出す感じで、音を消して、まったく知らない人だと思って見てみると、何か賛成派のほうが正しい感じに見えてくるんですよ。

**奥田**　賛成派の人の議論でいうと、途中から、「いや、存立危機事態なんてほとんどない例で……」と言い出しましたよね。「でもそれによってサイバー攻撃などにも情報を共有して対処できる」から、やったほうがいいと。いつの間にか、宇宙からどうのこうのという話になっていて、「おぉ？」と。

**福山**　そのサイバー攻撃について、今回の法案は全くカバーしていないんです。

**倉持**　そこも結局、議論されないまま終わってしまった。新ガイドラインに書いてあるにもかかわらず、今回の法案には全く反映されていない。そこも突っ込みたかったのですが、もっともっとわかりやすいところで画をつくらないといけないと、あえて追及しなかったんです。

**奥田**　与党参考人も容認派と言われている人たちも、まともにロジックで闘おうとするとみんな法案内容と関係のない話に持っていきがち。

**福山**　そうですね。「安全保障環境が変わった」「抑止力を高めなければいけない」と言うから「この法案で何で抑止力が高まるの？」と言っても、はっきりした答えは全然ない。枕詞しかないんです。

**倉持**　確かに中国の領海侵犯が増えている、だから必要だ、そんなふうに議論が流れていく。

**福山**　それなら領域警備をちゃんとやれという話になるんですけど、そこは抜け落ちている。

**奥田**　だから、賛成派の話を聞いていると何の法案の話をしているのかわからないというのが、いちばんの問題だと思うんです。

## 戦闘行為でないミサイルは撃ち落とす？？？

**福山**　説明することをみんな放棄したんです、途中から。説明しきれないというのを、みんなかなり自覚して、「必要なんだからやらなきゃいけないでしょう」みたいなむき出しの言葉で押し切るような姿勢に、最後は開き直ったんですね。

**倉持**　中身に触れられると、「論理的にはこう答えざるを得ない」ということを答えるので、めちゃくちゃになるわけです。武器等防護に関しても、たとえば「戦闘行為でないミサイルであれば撃ち落とします」と答弁する(笑)。

**奥田**　わけがわからない(笑)。

**福山**　この法案の国会審議では、とにかくたとえ話が多くて、国会の場では僕はたとえを避けたんですが、辻元さんが言っていたことには共感しました。

お酒を飲んで酔っぱらっている人がいて、その人は車で店までやってきた。それで帰りに「酔っぱらっているから絶対車を運転して帰っちゃだめだよ」と言っても、「俺は酔ってねぇ！」と。みんなが「違憲」と言っているのに、「違憲じゃない」と突っ張るのもそれに似ている。もう引退したお医者さんがやってきて、「あんた、どう見てもこの症状は酒気帯び運転になっているから、運転しちゃだめだよ」と言っても、「おまえは〝元〟だろう。おまえの言っていることなんか聞けない。あなたは一私人だ」と言う(笑)。

元警官が来て、「あなたはもうそのまま運転したら絶対つかまるから、だめだから、もうやめなさい。元警官として忠告するから」と言っていても、「おまえは辞めたんだから私人だろう。おまえの言うことなんか俺は聞かねぇ」と言って、車に乗って出ちゃいました——というのがいまの状況です。

でも、その運転している車によって、自衛隊員の安全とか、日本の安全保障自体が危険にさらされかねない。この車がどっちの方向へ向かって行くのか全くわからない状況なんです。

**奥田** フグの料理の時も、肝を外せば食べられると法制局長官は言っていましたよね。料理人は「それ、毒が入っているよ」と言っているのに、「いや、俺は専門家より知っているから。このフグは食える」と。フグは素人がさばいたら危険ですよね。

**倉持** 木村草太さんは、取締役会の意見を無視している経営者みたいなもの、と仰っていましたが、それと一緒で、専門家の意見を聞いてそれを反映させないことの愚です。今回の法案を含めて、安倍さんの支持者には中小企業経営者や財界の方も多いとききますが、ビジネスマンだったら絶対わかる発想として、事業を始めるとき、顧問弁護士に意見を求めますよね。この事業は適法ですか、と。それで「違法の疑いがかなり強いです。日本全国九九％の法律家があなたがやろうとしている事業を違法だと言っています」「歴代の顧問弁護士が全員、元最高裁長官も、違法だと言っている」、それをやるんですか。そういうことをやろうとしている人をあなたたちは支持できますか、という話なんです。

**福山** 「いや、俺のいまの顧問弁護士が正しいんだ」と言うんでしょうね（笑）。

## トリックスターとしての礒崎陽輔首相補佐官

**福山**　安倍政権の一つの象徴が、礒崎陽輔補佐官だったと思います。参議院の審議は、礒崎さんから始まりました。

国民から見て、この法案はやっぱりおかしいんじゃないか。衆議院で強行採決されたあと、参議院でスッと通るんじゃないかという気分にはならなかった大きな要因に、礒崎さんのあの「法的安定性は関係ない」発言がある。礒崎さんの過去の言動を見るとつくづくひどいということがわかって、少なくとも参議院の審議のスタート時点で彼は逆の意味ですごく貢献してくれました。

**倉持**　ああいう人が三年間放言をし続けてきたにもかかわらず、辞めさせられていない。それは、やっぱり安倍さんとある面で一体化しているから、つまり安倍さんが思っていることを言っているから辞めさせていないんだろうと思います。そこが非常に象徴的でしたね。

**奥田**　今回の政権が吹き飛んでもおかしくないことでいえば、安保法制以外でも、下村博文《はくぶん》大臣とか、ドリルでパソコンのハードディスクをあけた人とか……。

**倉持**　そうそう。これも中小企業のコンプライアンスに関わっている人間から言うと、ドリルで穴をあけるような人が再選するなんて、信じられない。

**奥田**　首相が、「判断するのは最高責任者の私です」と言った時に、いま考えたらもっと騒げばよかったとも思います。

**倉持**　そうそう。内閣が適切に判断するというなら、立法府は要らなくなってしまう。

**福山**　立法府も、下手すれば最高裁も要らないと言っているに等しい。「法的安定性は関係ない」「今回の憲法解釈の変更が違憲という話は聞いたことがないです」とか、そういう発言を、今年の春の段階で平然とするんですから。

**奥田**　安倍さんの書かれた『美しい国へ』の中には、「法律の下に皆平等」と書かれているんです、と。法の支配じゃなくて法律なの？　と思いました。礒崎さんの立憲主義を理解できないという発言、あれは意図的なんじゃないかと思っているんですが。安倍さんと一緒で、法律と憲法は何が違うの？　と思っているんじゃないか。

**倉持**　彼らは意図的だと思わないと頭が混乱して立っていられないところはありますよね。でも、「憲法を適用する」という中谷防衛大臣の発言を聞くと、やっぱり本当にそう思っているんだと思います。

**奥田**　「えっ、何が違うの？」という感じかもしれない。

**倉持**　今さら言うのもはばかられますが、基本的に、時の多数派から離れたところにあるものが憲法です。それを時の多数派の意思で解釈だけで変えるとか、そういうリーガルリテラシーのなさが、ちょっと信じられない。

そういう意味で僕らが責任を感じるのは、弁護士とのダブルバッジの議員の方々ですね。谷垣禎一《さだかず》さん、高村《こうむら》正彦さん、北側一雄さん、稲田朋美さん……。リーガルマインドを失ったのか、という批判もありますが、最初からなかったのかもしれないとは思います。国会の中で見ていて、ダブルバッジの人たちはどう見えましたか。

**福山**　何を守っているかがわからないんですよ。もう大臣も党の三役も経験した人たち、特に宏池会の方々は自民党の中でリベラルを旗頭にしているわけでしょう。その派閥間同士のスタンスの違いが、先ほど申し上げた自民党のよさと幅の広さだったわけですが、その宏池会の面々が閣内に入り、何も意見を言わない。何を守っているのか？　自分たちの政治的な行動が日本の一体何を壊そうとしているかに対して、彼らが無自覚なわけはないと思っているんです。

## 憲法ももう要らないんじゃね？　という雰囲気

**奥田**　ＮＨＫの『ＬＩＦＥ！』という番組で、ウッチャンナンチャンのウッチャンが「宇宙人総理」というコントをやっていたんです。それは、時の内閣が全部宇宙人でした、という設定なんです。法案が参議院を通る少し前のタイミングで、その宇宙人総理のお母さん役で樹木希林さんが出てきて、「総理大臣だからといって、反対意見を聞かないとだめなんだよ。何でもできるってわけじゃないんだよ」と怒る。

でも、なんでそうなっちゃったんでしょう。いろいろな自民党の研究がありますが、今起きているのは単純に集団的自衛権が必要という範囲を越えてますよね。憲法も「もう要らないんじゃね？」ぐらいになっちゃっているのが、理解できない。

**福山**　理由はいくつかあって、一つは自民党が野党に転落した時、排除されたことのない人が排除されたことに対するつらさと、官僚組織や経済界の態度の豹変ぶりに、あの経験はもういやだというトラウマがあるんですね。ここで正論を言って党が分裂するようなことがあったら、郵政の二の舞だとか、自民党の党派がバラバラになれば、また政権が代わってしまうのではないかという恐怖心はあると思います。それから、小選挙区制度で党の公認権が得られなければ自分は勝てない、という要素もある。別の候補者を立てられた瞬間に終わるわけですから。その思いは政治家として理解はするんですが、それにしても、全員が全員右へ倣えでこの状況を許容してしまうことに対して、葛藤はないのか。

**奥田** 法案が通ったあとで、色々な意見が自民党からも出てきていますよね。一票入れるのは党ではなくて僕たちなのですが、でも、自民党の人たちは、こっちのほうは向いていない。

**福山** 「連休を過ぎたら国民は忘れる」とか、国会が終わったとたん新しい「三本の矢」を持ち出すことに僕は驚きました。

それから、一九日未明に法案を通して、首相は本当に連休中にゴルフに行っている。国民の気持を逆撫でするようなことを、なぜあえてするのか、僕には理解ができない。結局国民をばかにしているんですよね。経済がよくなれば国民は票を入れるだろう、そうじゃない人は投票に行かない、それでいいというスタンスで見ているんじゃないでしょうか。

**奥田** 投票に来てほしくないんですよね。賛成、反対とかも含めて関心をもたないほうが政権にとっては都合がよいと。だって、「忘れる」と言っているのだから。反対の人も賛成の人も「忘れる」だろ? ということですから、やっぱりなめられているなという感じがします。

ただやっぱり、自分たちの力のなさみたいなものも自分自身腹立つ。「いつまでデモやってるんだ、俺ら」みたいな気にもなっちゃうところを、どうにかしてそれでも少しずつ力をつけていって……。試合を放棄しちゃったら向こうの思うつぼだから、ということを自分に言い聞かせているんですけど、あのゴルフはむかつきましたね。

## 4　何がどう違憲なのか

### 法治国家にとって憲法とは

**倉持**　ここで、ちょっと憲法教室に入りたいと思います(笑)。

先ほど来、何回か話には出てきていますが、今回の安保法制を推進する立場の方々からは、安全保障環境の変化はもう待ったなしであり、憲法改正など待っていられない、という声や、必要性のためには、憲法論を理論的に詰めて行っても仕方ないのではないかという声が聞かれました。

しかし、これは、この法治国家に生きる「個人」として、思想的・学問的作法が欠如した暴論だということは再確認したいです。我々がこの社会の中で「個人」として扱われ、多様な価値観の中でも一人一人が尊重されるのは憲法があるからです。「憲法を無視してもいいじゃないか」と言えるのも、あなたが無視してもいいと言っている憲法であなたの表現の自由が保障されているからなのです。

このような普遍的価値を内容にもつからこそ、憲法は「最高法規」であり、これに反する一切の国家行為は無効になります。しかし、北朝鮮のミサイルや中国の軍艦及び南沙諸島の基地は目に見えますが、憲法規範は目に見えません。サン＝テグジュペリの『星の王子様』に、「本当に大切なものは目に見えないんだ」とありましたが、憲法規範もそれと同じです。

憲法は、これを運用する我々や為政者が無視し始めたら、死んでしまいます。今日から日本国の貨幣はただの紙切れとみなし、警官はただのコスプレ集団、としてしまうことと同じです。それは何を意味するかというと、法治の崩壊です。必要性に応じて憲法の扱いや価値を変える人々は、日々一万円の価値があったりなかったり、強盗に入られても警察が全く何もしてくれない日があったりすることに同意できるなら、主張を維持してもいいんじゃないでしょうか。

違憲か合憲か、というのは、どの神を信じるかという議論ではありません。我々が、「個人」として生きられる社会を共有するのか否かという、そういう話なんです。

僕は、日米同盟も我が国防衛も安全保障法制の整備もとても重要であると、大切であると考えています。しかし、どうしても「今回の」安保法制を通すためだけの議論にはどうやっても乗っかれません。僕はこれは「安保法制守って国滅ぶ」だと思ってますよ。

## 九条は軍事権の行使をどこまで禁止しているのか

**倉持**　そして、安全保障法案が憲法上問題となっているわけですが、衆議院、参議院の国会審議でどの論点が、どれぐらい議論されたかを見ていく前提として、なぜそれらが違憲だとされるのか、簡単に説明します。

大きく分けて、集団的自衛権の違憲性、後方支援の違憲性——特に武器等防護を中心とする自衛官の武器使用の話が中心になるだろうと思います。今回の法制で言うと、いわゆる存立危機事態が集団的自衛権に該当し、重要影響事態が二番目の後方支援に該当するところです。

そもそも集団的自衛権がなぜ違憲なのか。憲法審査会で憲法学者が三人そろって「違憲」と言ったので、広く浸透したところがありますが、なぜ憲法に反しているのかを考えないといけない。

憲法は、表現の自由、信教の自由のような、いわゆる主観的権利と、客観的な法原則を定めています。

主観的な権利には制約があって、その制約が正当化されるかどうかについて、違憲審査基準を用いて判断するのですが、今回焦点となった九条は、客観的な法原則なんです。国家はこういうことはしてはいけない、むしろこうしなさいということを示している。そのほかの例では、たとえば平等原則、政教分離――政治と宗教はつながってはいけません、過度な関わりを持ってはいけませんというような禁止規範がありますが、その中心的なものが九条で、軍事権の行使を縛っています。

これは明確な禁止規範ですが、では九条は、どこまで禁止していて、どこまでを認めているのか、これがポイントです。

まず、最初の対立は、九条をそのまま読むと自衛隊も違憲じゃないか、幼稚園児が読んでも自衛隊は持てない、という点です。

憲法の条文は、基本的に「プリンシプル（原則）」と言われる、一定の幅で解釈を許す規範がたくさん入っています。プリンシプルの他に、たとえば衆議院議員の任期は四年であるとか、そういう決まりは「ルール」と呼ばれ、解釈は関係ない。「四年」とあるところを、解釈によって「五年」にはできませんから。

原則的な条文はたくさんあって、九条はその一つです。特に、文字通り解釈すれば、幼稚園児でも、自衛隊を持てないと考えるはずだと主張するような人たちに対して言いたいのは、憲法の他の条文でも「解釈」をしているということです。たとえば憲法二三条には「学問の自由は、これを保障する」としか書かれていませんが、通説・判例は、この憲法二三条から「大学の自治」を導き出します。憲法二三条を額面でだけ読めば、幼稚園児なら「大学の自治」など読めません。つまり原則的な規範は解釈をしているわけです。法律の運用は、そもそも国語辞典を引っ張ってきて字義を突き合わせて意味を確定する作業ではないので、解釈が必要になります。

## 集団的自衛権、武力行使の一体化、自衛隊の武器使用——三つの論点

**倉持**　それでは、憲法九条の定めている規範、内容とは一体何かというと、いわゆる「四七年見解」と言われるものがあります。今回国会でもたくさん登場した論点ですが、要は、自衛権自体はある、座して死を待つわけにはいかないだろうということです。憲法一三条の個人の尊厳とか、我々の生命、身体、財産は、国政上、立法上最大の尊重を要するという条文などに依拠して、自衛の措置はとれるとしている。

ではどういう時に自衛の措置はとれるのか。これを説明しているのが「四七年見解」であり、いわゆる「旧三要件」です。

①我が国に対して外国からの武力攻撃が行なわれ、②他にとり得る手段がなく、③必要最小限であるという、この三要件を満たすと、自衛権を発動できる。これは「専守防衛」と呼ばれている概念の内容にあたりますが、必要最小限という縛りがあるので、国際法上の個別的自衛権からさらに絞った、「飛んできたミサイル、その一発を落とす」という必要最小限です。本当は、ミサイル基地まで叩かなければ、もしかしたら個別的自衛権は全うできないかもしれない。しかし、必要最小限という縛りは、個別的自衛権からさらに「限定的個別的自衛権」を意味しているんです。

繰り返しになりますが、その内容は我が国に対する攻撃があって、それを排除するために他にとり得る手段がなくて必要最小限度であるということです。この「我が国に対する攻撃」が、自衛権を発動する要件になっている。それが、九条の大きな中身を成していたわけです。

今回話題になっている集団的自衛権は、「我が国に対する攻撃はない場合」のことです。二〇一四年の七月一日の閣議決定で実質的な解釈変更がなされた「新三要件」の第一要件は、我が国と密接に関連する他国への攻撃があって、これにより我が国が存立危機事態に陥った場合は、他にとり得る手段がないときには必要最小限度で反撃ができる、ということです。つまり、日本が攻撃されていなくても反撃ができる。自衛の措置をとれる。これは、九条をめぐっていままで積み上げられてきた解釈の集合体である九条規範を破ってしまう。つまり違憲です。

後方支援に関しては、前線でドンパチ武力行使をしている、その後方で支援をする、ということですね。しかし、これは国際法にもない概念です。国会でさんざん「武力行使の一体化」が指摘されましたが、前線と一体化すれば、「後方支援」といってもそこでの武力行使と一体化してしまうので、九条一項で禁止している武力行使に当たる。だから、武力行使と一体化しているか、していないかが重要な論点だったんですが、これも今回の法改正で、たとえば発艦準備中の戦闘機に給油をできる、あるいは弾薬を提供できるとされて、ほぼ一体化していますよね。

「現に戦闘が行なわれている現場」というのも、朝起きたら、現に戦闘が行なわれている現場と化していた、そういうケースもありうるので、果たして一体化を画する概念となっているのか。これが後方支援の問題です。

自衛官の武器使用の、特に今回は武器等防護について取り上げますが、いままで自衛官の自己保存の権利として、自衛官が攻撃をされたら、正当防衛の範囲で個人として反撃できるということでした。その延長線上として自分たちの武器も守れるということになっていたんですが、今回さらに一歩進んで、自衛官が米軍等の武器等まで防護できることになった。米軍等の武器等の「武器等」

の中には艦船とか戦闘機、航空機が入ります。これを自衛官が守るということですが、参議院での審議の終盤でかなり議論がされたように、要は米国のイージス艦にA国からミサイルが飛んできた時、日本の海上自衛隊のイージス艦からミサイルを撃って、米艦に飛んできたミサイルを撃ち落とせるか。結局こういう話になるんですね。これについては、防衛省の政策局長が、自衛隊法九五条の二で「撃ち落とせる」と答弁されています。

それは、我が国にまったく攻撃がないにもかかわらず、米艦への攻撃のミサイルを撃ち落とす、つまり武力行使をするということになります。

この時点で、いわゆるフルスペックの集団的自衛権を行使してしまっているんですよ。自衛隊法九五条の二という、今回の改正法によってできることになった「米軍等の武器等防護」規定は、「新三要件」も国会承認も閣議決定も何もない、全部すっ飛ばして、いわゆるフルスペックの集団的自衛権を自衛官の責任で行使できてしまうという、いわば密輸入のような規定です。しかもこれが「自衛官」を主語にしている。「自衛隊」を主語にすると組織的な武力行使になるので、憲法九条の武力行使に当たります。

しかし、主語を「自衛官」にすることで、果たして違憲性が払拭されることはあり得るのか。これも、現行憲法九条を改正していないので、自衛隊は武力行使ができない。軍隊でもないという前提がありますので、「自衛官」と書かざるを得ないわけですね。そうすると、結局、全部自衛官の責任とならざるを得ない。しわ寄せも自衛官に行く。こういう問題も潜んでいる。

かなり駆け足ですが、この三つの論点があったということです。

## 四七年見解が焦点化した衆議院

**倉持**　これらの論点について、衆参の議論が、どういうふうになされてきたかについては、衆議院では最初にお話した集団的自衛権の話、いわゆる存立危機事態とは一体何なんだとか、重要影響事態と存立危機事態の関係はどうなっているんだとか、という議論をしました。

また、「昭和四七年見解」は、先ほど我が国に対する外国の武力攻撃があれば自衛権を発動できるというお話をしましたが、実はこの見解には「我が国に対する外国の武力攻撃」とは書いてないんですよね。「外国の武力攻撃」としか書いてない。それは当然我が国に対する武力行使を前提としていたからですが、ここを利用して、「実はここに我が国と関連する密接な他国に対する攻撃も含まれていたんじゃないか」という話が衆議院の中でも出てきたわけです。

この四七年見解の話がかなり焦点化して、他にも砂川事件判決、集団的自衛権、存立危機事態、その存立危機事態というもの自体の話にかなり議論の時間も割かれて、後方支援とか自衛隊の武器使用はほとんど議論されませんでした。それから、いきなりこうした話が出てきて、見ているほうとしては、四七年見解とか存立危機事態、重要影響事態と言われてもよくわからないという状態のまま、結局法案が通過してしまった。

この責任は、この展開について伝えるマスコミにもあったとは思いますが、後方支援、武器等防護、特にＰＫＯについてもそうですが、ほとんど議論されないまま参議院に来ました。

## 「新三要件」のわからなさ

**福山** いまの倉持さんの説明だけを聞いても、この法案がいかにわからないかということがわかるかと思います。たぶん読者のみなさんは途中でいやになったと思うんですが(笑)、これが二〇一四年の七月一日の閣議決定からずっと、延々と続いてきた。閣議決定で「新三要件」が出てきて、その新三要件がまたよくわからないわけです。

これまで個別的自衛権で説明できたのは、第一要件は「わが国に対する急迫不正の侵害があること」ですから、侵害があるというのは、攻撃をされて我が国の国民の生命、自由及び幸福追求の権利が覆されている事態がもう起こっているんですよね。それは国としては守らなければいけないわけで、幸福追求権をうたう一三条をもとに、個別的自衛権については行使できる。自衛隊が最小限度の範囲内で均衡原則に基づいて攻撃できるというのが、我が国のいままでの安全保障政策の根幹だったんです。装備も、各法律の構成も、そして運用も、全部その原則に基づいて成り立ってきた。

単に法律の条文や解釈が変わったかどうかということではなくて、社会全体の中で、その法律の運用も含めて、いかに定着しているかということが法的安定性で、そのことが崩れそうになっていたというのが、まず七月一日の時点です。

そこで、新三要件では何が出てくるかというと、「我が国と密接な関係にある他国に対する武力攻撃が発生し」、つまり我が国には武力行使が発生していないのに、「我が国の存立が脅かされ、国民の生命、自由及び幸福追求の権利が根底から覆される明白な危険がある」という。

攻撃がないのに、「急迫不正の侵害があること」と同様なことの表現を、「我が国の存立が脅かされ、国民の生命、自由及び幸福追求の権利が根底から覆される明白な危険があること」に置き換えたわけです。

ところが、この「覆される」という時点と「明白な危険」の違いすらわからない。攻撃されていないのに「明白な危険」とは、一体どうつながっているのか。その時点で武力行使をするということは、相手から見たら、限りなく先制攻撃に近いものではないのか。そもそもこの第一要件の要件設定自体が、国民には理解不能なところからスタートしています。

さらに第二要件ですが、旧三要件には「この場合にこれを排除するためにほかの適当な手段がないこと」とあって、「これを排除する」の「これ」は、当然「わが国に対する攻撃」だとすぐわかりますよね。しかし、新三要件の「これを排除し、我が国の存立を全うし、国民を守るために他に適当な手段がないこと」と書いてある「これを排除し」の「これ」は、我が国への攻撃はないんだから、「他国に対する攻撃」を排除するのか？　そうでなければ、我が国の存立危機事態――さっき申し上げた明白な危険を排除することなのか、と。でも、明白な危険を排除するには、他国が我が国と密接な国に攻撃をしているものを排除しない限りは、たぶん我が国の存立危機事態は排除できない……。要するに「これ」は一体何やねん、どれやねんと、第二要件でちんぷんかんぷんになる。

第三要件は「必要最小限度の実力行使にとどまるべきこと」とあって、旧三要件と同じことが書いてあります。しかし、我が国に攻撃されたものに対して必要最小限というのは、均衡原則で、攻撃に対して同程度の範囲内で自衛権を行使せよという話なんです。でも、我が国と密接な関係にある他国が攻撃されていることに対して、必要最小限に武力行使をするというのは、どういう武力行使のレベルなのかよくわからない。それにも疑問符がつくわけです。

同じ表現なんだけれど、よくよく読んでいくと、必要最小限がどこまで広がるかわからない。その話に加えて、この「必要最小限度」という言葉は法文上一切ありませんでした。

**倉持**　「合理的に必要な限度」という表現なんですね。「事態に応じ合理的に必要と判断される限度においてなされなければならない」。

**福山**　そう、「必要最小限」とは一切書いていないんですよ。この新三要件それぞれが非常に曖昧模糊としている状況の中で、閣議決定に関する議論がスタートしました。この閣議決定が法律に落とし込まれて、法文になって我々の目の前に二〇一五年の五月中旬に出てきた時点でも、結局、この曖昧さは何ら払拭されないままでした。

## 国民の不信感のなかで始まった衆院審議

**福山**　加えて、集団的自衛権の行使は、限定的であれフルスペックであれ一切行使ができないというのが、四十数年間の我が国の法制局の見解であり、長きにわたって圧倒的に政権を担ってきた自民党政権の見解でした。僕がこれまで「四十数年」としか言わないのは、昭和四七年が、ほぼこの解釈が確立したときだからです。このとき集団的自衛権の行使は容認できない、と、法的に揺るがない状況が確立された。だから、より正確性を期すために僕はずっと「四十数年間維持してきた」という表現をしてきました。

先ほどの新三要件の問題と、集団的自衛権を限定的とは言いながら行使できるとするということは、いままでは憲法改正が絶対に必要だと言ってきた法制局の見解を根底から覆した。違憲の疑いが濃い、国民が不信感をもってスタートしたのが衆議院の審議だった。

そこに「六・四ショック」で、六月四日に三人の参考人が違憲だと言われたことで、衆議院側の審議は、善し悪しは別にして、違憲性の問題と新三要件は一体どういう事態かという話と、法制局が見解を変えられないはずなのに何で変えたかという話が中心的な論点になりました。

もう一点は、いわゆる立法事実として挙げられたホルムズ海峡と米艦防護のうち、前者に対するものです。当初冷蔵庫が空っぽになれば存立危機事態だとかガソリンがなくなれば経済的に厳しくなるので存立危機事態だ、みたいな珍答弁が出ていました。閣議決定以降の国会の論議の中で出てきたこの答弁が、本当にそれが存立危機事態に当たるのかという、立法事実を潰すことを中心に審議が行なわれた。

こうした流れの中には、いくつかメルクマールがあって、先ほども言いましたが、一つは、五月二九日に後藤祐一議員が、経済的要因では機雷掃海をしない、という点について質問したことです。一九九八(平成一〇)年、日米防衛協力のための指針(ガイドライン)をめぐる第一次周辺事態法の審議の時に、岡田克也さんが「軍事的な影響がなければ周辺事態にはあたらない」という答弁を引き出しているんです。今回の安保法制でも、その答弁が維持できているのかどうか、岸田外務大臣に聞いて、岸田大臣の答弁が二転三転して流会になりました。

流会になるというのは、国会の審議では大きいことです。これが、審議を徹底的にやれば流会になるんだと、野党側の議員を勇気づけた。

もう一つは、辻元議員が質問している最中に総理が「早く質問しろよ」と野次を飛ばした。これで総理の審議に対する姿勢――ていねいに理解を求めるんだと言いながら、実はいらついて「早く質問しろよ」と言い放つ――、これに国民は疑念を持ったのではないでしょうか。徐々に徐々に、国民も、マスメディアも、それから国会前の路上にやってきた人たちも、審議を見ながら、国会の審議はちゃんと見なければいけないとか、これはおかしいんじゃないかという空気ができていった。

それが、衆議院での議論の段階だと思います。

## 腐った味噌汁かフグ毒か

**倉持** 「基本的な論理は変わっていない」「専守防衛はいささかも変更がない」。そういう答弁が連発されたのが、衆議院での審議の後半でした。そこで、「政府は嘘ついているんじゃないか?」という人々の不安感が現れ始めたように思います。横畠法制局長官は、衆議院のほうが答弁回数も多かったですね。

**福山** それは新三要件が議題になっていたからですね。例の、「腐った味噌汁」にかんする答弁もそうでした。

**倉持** 政府は、違憲なフルスペックの集団的自衛権があったとしても、部分的に、合憲のところだけ取り出せるんだ、という話をしていました。だから、「腐った味噌汁だ。どこをとっても腐っているんじゃないか」と寺田さんが質問されると、例のフグ答弁が飛び出したんです。その次に大串議員がフグでもう一回引っ張った。皮も毒があったりするから、肝をとったとしても毒があったりするみたいですよ、と。そういう大喜利のような展開が続きました。

**福山**　いま倉持さんの言われた、「専守防衛はいささかも変わらない」「平和主義は変わらない」「自衛隊のリスクは逆に減る」「憲法違反ではなくて、あてはめの論理で合憲だ」……そういう答弁は、法律名を「平和安全法制」にしたことを筆頭に、国民をごまかそうとしている政府の姿勢が象徴されているように思います。

これらの欺瞞性が国民に透けて見えるようになった。衆議院では、一所懸命、政府は強弁をしていましたが、参議院に来て、それがどんどん崩されていく過程に入ったという感じがしていました。

## 理解しない国民が悪い

**奥田**　二〇一四年七月に集団的自衛権行使容認を閣議決定して、安倍首相が記者会見して三要件を出した時にすでに一五事例は出ていました。約一年経って、二〇一五年の五月にその内容を出した時にほとんど変わっていなかったので、みんなびっくりした(笑)。いろんな指摘があったのに、もう一回そこに突っ込んでいくのが逆にすごいなというか……。

国会や社会での議論全体を通して、機雷掃海もそうですが、結局そういう事例は適当でなかったとはっきりしても、反対の意見に対して「国民の皆さんの十分な理解を得られていない」と主張するんですよね。国民が「わからない」と言うことに対して、わかる努力を国民がしていないんだ、という姿勢をとったわけです。

でも、反対を言っている人たちが本当に理解していないのかというと、そうじゃないと思うんです。

新三要件の初めの「存立危機事態」は、誰がどう見てもよくわからない。「明白な危険」と言っているけれど、危険かどうかを誰が判断するかというと、結局内閣です。前の要件に比べたら、やっぱり恣意的ですよね。

それから、基本的に戦争に反対だというマインドは日本国民のなかである程度共有されています。イラク戦争の時だって9・11の時だって、戦争はないほうがいいよね、というエモーションが示されたわけですね。それなのに、今回は、政府が何回聞かれてもイラク戦争が正しかったかどうか、きちんと言えなかった。

僕が『朝まで生テレビ!』に出た時も、片山さつきさんが、「小泉(純一郎)さんがあの時は正しいと言いました」と仰っていた。結局、正しかったかまちがっていたかと訊くと、まちがっていたとは言えない。「ポツダム宣言は(中略)つまびらかに読んでおりません」という安倍首相の言葉も、むしろ、何か言いたくないことがあるのかな、と思うんです。それなのに、あとから実は知ってました、当然読んでます、といって修正する。

僕らとしては納得できるような説明がないのに「それは誤解している」と言いつのって、

「総合的な判断というのは、議会制民主主義下で、ある程度投票によって任せるんですから。それを否定するんですか」という態度に出る。「だったら、ちゃんと判断してください。イラク戦争は正しかったんですか?」と聞いても、「それは前の政府が……」といって、正面から答えない。アメリカ政府は普通に、あれはまちがっていたから軍縮しましょうと言っているのに、日本政府は言えない。その態度にすごく不信感を抱くのは、普通に多くの人が共感できる話なんじゃないかと思います。

## 5 路上の熱が国会の内も動かす

### 議論がどんどんシェアされていく

**福山** 路上の人たちは、どうやって国会の審議を共有していたんでしょう。

**奥田** やっぱりSNSが大きかったと思います。たぶん二パターンいて、もともと九条の会に参加したり、労働組合とか社会運動にコミットしている人たち。もう一つは、SNSでつながって、情報をシェアしてやってくる人たち。毎日、国会審議や政治報道を書き起こしている人って実は少なくないんです。

**倉持** それはSEALDsメンバーの人で?

**奥田** いえいえ、全然知らない人たちもたくさんいます。たとえば憲法学者でも、安全保障の専門家でも、安保法制が始まった時にはフォロワー八〇〇人くらいだった人が、終わる頃には一万人に増えたりしていました。特に学者系とかシンクタンク系のフォロワーがものすごく増えていて、そういうなかでどんどん情報が共有されていったと思います。

僕が見た感じでも、説得力ある事例や反論はたくさんシェアされていました。そういうやりとりは残っていくので、本当に集合知という感じがしました。誰が見つけたか、誰が国会で答弁したかは次第に削られていくんですが、この話の結論はこれだ、というところはシェアされて残っていく。先ほどから話題にのぼった、礒崎さんの話や横畠さんが何を言ったかということは、最後までずっと残っていたと思います。

**福山**　奥田さんが公聴会の時におっしゃった、金沢の主婦の方が書き起こしをして……という動きも広がっていたんですね。

**奥田**　そうですね。最初の書き起こしは五月二八日の衆議院だったと思いますが、最終的に閲覧数は一〇万、何十万ビューにまで増えていました。さらに、シェアされるだけじゃなくて、シェアされた先にまた友達がいる。だから、もしかしたら一〇〇万くらいの人が目にしているかもしれない。僕らのフェイスブックも、一日の最大ビュー数は五〇万を越えています。そういう回路で情報がシェアされている。実際、若い人はそれほど新聞を読んでいないと思うんですが、この記事が面白かったという文字起こしとか、もしくはネットの記事とかはどんどん拡散されていました。あまり論点が去年から変わらなかったこともあって、ある程度論点がわかるようになっていったんです。

**福山**　審議が進んでいくにつれ、論点がシェアされていくのと並行して、集まってくる人が増えていった感じがありましたが。

**奥田**　審議を見ているだけという人も多かったと思うんですが、オプションとしてデモがある、というふうにだんだんつながってくる。おかしいなと思っている人が、デモに行ってもいいんじゃないか、と思い始める、そういう空気がだんだん出てくるというか。

衆院を通った時は、まだ、デモもそんなに盛り上がっていなかったという印象なのですが、それでも七月一五日から三日連続、委員会で通った次の日の七月一七日まで数万人が集まった。

**福山**　僕も七月一四日、日比谷の野音がいっぱいになったとき、これまでとは違う、というよく車道に溢れなかったな、というぐらい人が集まっていました。

**奥田**　野音に入れるのは三〇〇〇人ぐらいだから、周りの人を入れて、たぶんあの日も一万人くらいいたと思います。

**福山**　一四日は二万人とも言われています。

**奥田**　たぶん一五日は、もっと大勢、その倍はいたと思う。

**福山**　野音では制服向上委員会がパフォーマンスをしたのですが、彼女たちが歌っているときには、それぞれの団体の旗が立っていたんです。それが、さあ集会が始まるぞとなると、主催者が、全部幟旗を下ろしてください、と言った。みんなササーッと順番に幟とか旗をたたんで、日比谷野音が人だけがいっぱいの場所に変わった。

報道で集会の映像を見た人は〝個人の集まり〟を目撃した。その時でも約二万人が集まっているので、やっぱりあの数は非常にインパクトがあったと思います。奥田さんが言われたように、その次の日も多かった。やっぱりそれは、ちょっとしたことですが、デモや集会のスタイルが変わったということがポイントだったと感じています。僕は、皆さんが幟とか旗をたたんで日比谷の野音の景色がバッと一瞬にして変わった時に、ちょっとワクワクしました。

## 「俺来てよかった。よくわかった、何が問題か」

**奥田**　僕ら主催のデモだと幟とかほとんどないんですけど、世代が違うと幟だらけで、「すごいところに来ちゃったな」という感じはある。

**倉持**　弁護士会のメーリスでも、「幟準備しますか」「タスキはどうしますか」とか、それで何十通とやりとりしていて、「もう、それ別によくない？」と思うところはありますね。

**奥田**　ＳＥＡＬＤｓは個人が集まる、と言っているので、そういうことでは四苦八苦しました。団体が増えれば増えるほど、ミーティングに行くと「なくてもいいんじゃないですかね」と言うことになる（笑）。「ゼッケンて何ですか？」とか。

**倉持**　裁判所の法廷でも、傍聴者はゼッケン禁止です。

**奥田**　デモをする場所は、特定の団体のものではなくてもっと開かれた場所でしょう、という感じがして。だって、たとえば労働組合の旗の隣で写真を撮られたら「この労働組合の人なの？　俺」という話になるじゃないですか。

**倉持**　確かに、そういう意味で、これまでデモに行きたくない、という人もいたと思います。

僕は、八月三〇日、生まれて初めてデモに行きました。はち巻きして、大声を出さなければいけないんじゃないかと思っていたんですが。

**奥田**　それはわかります。連合の集会に初めて行ったとき、それまで労働組合系の集会で話したことなくて、いつものように「みんな、普通だったら、こんな集会来たくねぇよと思いますよね」と言おうと思った瞬間に、待てよ、と(笑)。

**福山**　八月二三日の連合の集会では、「幟はやめましょう。それから普段着で行きましょう」と呼びかけたんです。「こんなこと言ってまずかったかな」とも思ったんですが、当時の連合の神津里季生《こうづりきお》事務局長(現会長)や政治センターの人たちは「それはそうだね」と言ってくれた。一万四〇〇〇人集まったんですよ。

**奥田**　めっちゃ人いました。

**福山**　あの時は、小林節さん、奥田さん、それから日弁連の山岸憲司さんが来られた。

**奥田**　小林さんは、「今の政権は巨大なバカの壁だ。日本語喋れ」みたいな感じで、山岸さんも「司法試験に集団的自衛権合憲と書いたら普通は落ちますよね」と(笑)。そのノリで、「バカとか言うのもわかるんですけど、バカという表現も、言うのをグッとこらえていろいろなところに伝えていかないといけないんじゃないか」「最近は体調が心配ですし、病院行ったほうがいいんじゃないか」というようなことを言ったら、その発言が、「安倍はバカだ　病院に行け」と言ったという産経新聞の見出しになっていた(笑)。悪意を感じました。

**福山**　奥田さんの挨拶は最高だったんですよ。「シュプレヒコールとか、僕はあんまりよくわかりません」で始まるんだよね。「自分たちのやり方でやります」と言って、いつものようにやったんですよ。それは組合員の皆さんにとって、刺激になったと思います。

**奥田**　そのあとに組合の女性の方が来て、「私もそうです。シュプレヒコールとかじゃなくて、言いたいこと言います」と言ってくれた。それまでの形式張った雰囲気は何だったんだろうと思うくらい、元気でした。

**福山**　集会が終わってから帰りに歩いていたら、来た人が「俺来てよかった。よくわかった、何が問題か」と言っていたんです。そこが重要で、動員されて来る人も「とにかく来ました」という感じから、来て理解が深まって、「これやらなきゃ」と共有して帰る。

八月二三日はもうだいぶ盛り上がっていた。五月、六月、七月と、国会の審議と並行してデモに来る人たちの集合知が広がりながら、それがSNSで拡散をして、そして路上に来た人がいろいろなことで違う刺激や違うコミュニケーション、違うスタイルを見て、感じて、いろいろな広がりが厚みを増したと思います。

## 対案より廃案だ

**福山**　七月二七日から参議院の審議に入ります。二七日は、まず本会議で北澤俊美さんが「対案ではなく廃案であります」と明確に言われました。党内にはまだ対案路線も根強く残っていたのですが、七月一五日の衆院での強行採決、「アベ政治は許さない」というプラカードの存在感、それから集会やデモに集まってくる人たち、まずこの人々と一緒に闘うというメッセージを参議院で出そう、ということでした。

**倉持** 二八日の一発目は福山さんでしたね。

**福山** 北澤先生が「対案よりも廃案」と、そして「参議院が最後の砦で良心をかけて、廃案をかけて闘う」と、その次に「党派にかかわらず参議院の良識を見せてほしい」と言われた。みんなで廃案に向けて闘おうというエールを送ったんです。元防衛相の言葉なので重みが違います。

やっぱりこの時点では野党側が一致して闘わなければいけないと、北澤先生の本会議の発言が共有されて、翌日の私の質疑に入るんですね。私の質疑に入る時は、もうすでに礒崎補佐官の「法的安定性は関係ない」発言がワイドショーを賑わせているわけですよ。

**倉持** その間に安倍首相がフジテレビに出て先ほど奥田さんが言った火事のパフォーマンスをやった。フジテレビと日本テレビだけに出演して、「国民はなめられている」という雰囲気が生まれてきた頃ですね。礒崎補佐官の特別委員会参考人招致が入って、するどい質問が次々と出て、参議院では、一週目、二週目で、ほぼ全部の論点をかなり詰めたという印象です。

**福山** 参議院の民主党の委員会メンバーもほぼ固定でした。小川勝也さんを中心に連日朝夕二回のミーティング、質問テーマの確認、週一の弁護士会との勉強会等々、かなり緊張感をもって準備に時間をかけました。テレビ放映が決まっていた最初の三日間で、野党のトップバッターとして、僕はまず、集団的自衛権は戦争に参加することですよねという確認から始めました。

いちばんいやな話で始めて――これは二〇一四年の七月にもやっているんですけれども、総理は答弁を逃げまくったんです。法律が出てきたのでもう一度確認したら、やっぱり同じように何も答えられずに、いきなりスタート時点で審議が二回止まった。

総理がカーッとならないように、「僕は戦争法案と言ったことは一度もありません。ただし、戦争に参加するんですよね」「僕は巻き込まれると言ったことも一度もありません。巻き込まれるんじゃありませんよね。主体的に戦争に参加をするんですよね」と尋ねると、もう答えようがありませんでした。

そのあと礒崎補佐官の発言に触れて、続けて、一九七二年に「四七年政府見解」といわれる政府見解を出した内閣法制局長官だった吉國一郎氏が、同じ年の九月一四日の参議院決算委員会で、砂川判決で自衛権があることは承認されているが、憲法九条に自衛権があるとも集団的自衛権がないとも書いていないものの、九条の寄って来るゆえんを考えると、おのずから論理の帰結として集団的自衛権は行使できないと答弁しているんです。それを示して、砂川判決を行使容認の根拠にすることはありえないですね、とやった。

それともう一つは、一九八一年の衆議院予算委員会で、「必要最小限度の範囲なら集団的自衛権は行使できるなどという逆さまの議論が将来出てこないでしょうね」と確認している質疑があった。安倍政権とまったく同様の議論です。「いまの安倍政権の言っていることは、完全に過去の答弁で否定されていますよね」と言うと、横畠さんは何を言っているのかわからない状況になって、「限定的な集団的自衛権は去年の七月一日から出てきたもので、それまで観念がない」と。それはそうですよ、あなたたちが七月の閣議決定から出してきたんだからという話です。つまり、ほとんど初日の最初の質疑から論理が崩れ出しているんです。

そのあと民主党の大塚耕平さんが、我が国に対する攻撃意図のない国に対する先制攻撃の可能性をめぐる答弁を引き出して、三〇日は広田一さんが「専守防衛の定義はいささかも変更していない」という政府の答弁は破綻していると詰め寄り、二九日は無所属クラブの水野賢一さんが、自衛官による銃の不正使用に対する国外犯の処罰規定がまったくないじゃないか、と追及しました。

水野さんの質問に、中谷大臣が「別途検討する」と言ってしまった。別途検討するということは法的に不備だということを認めることです。これでまたワーッとなって、参議院は最初から闘うモードだと、国民には映ったかもしれません。

**倉持**　確かに、衆議院の時より面白いなという感じがしました。

**福山**　見事に「存立危機事態」とか「重要影響事態」という言葉をみんなが使わなかった。

**倉持**　少数会派がたくさん質問に立ちましたね。

**福山**　衆議院が四五人委員会だったんですが、社民党や生活の党が委員になれなくて、質疑に立てなかったので、少数会派排除だという批判が上がっていたのです。

それでなくても強行採決しているのに、少数意見をまったく聞かないのかと。こちらはもう徹底的に衆議院と同様の審議をするつもりだったので、通常参議院は、だいたい衆議院の三分の二の委員数でやるのですが、参院も少し高めのボールでいこうと、四五人委員会の設置を民主党の榛葉賀津也《しんばかづや》国対委員長が投げた。

するると、与党は四五人委員会をのんだのです。それで全部の少数会派が一人ずつ委員を正式に出せるようになった。実は新党改革だけ入れなかったところ、自民党が一人委員を減らして改革に譲り、全会派が揃った。これは自民党の国対の判断です。

参議院は野党議員の数が相対的に多いので、野党側の理事の数は民主の北澤さんと僕、維新の党の三人、オブザーバーで共産党一人、与党は自民五人と公明一人で、実質的には六対四です。ただ、自民党は二人が一年生議員で発言しない。衆議院は、維新が大阪組と非大阪組との間でいろいろなやりとりがあって難しいこともありましたが、参院では維新の小野次郎さん、また共産党の井上哲士さんは、特定秘密の時から一緒の理事仲間なので、コミュニケーションも円滑だった。

これは国民にはなかなか見えない国会の中の力学ですが、四五人委員会になって理事会の構成が六対四になり、野党も一定の交渉力を持てる状況からスタートしたということです。

**倉持**　質問時間は、衆議院のほうが野党は多く取れていたんですよね。

**福山**　衆議院は九対一で野党に多く譲ったのですが、衆議院の強行採決のあと、与党は、質問時間が少なかったから国民の理解が得られにくかったんだと主張した。それで参議院では野党七対与党三で質問していました。

**奥田**　でも見ていると、衆議院と参議院は雰囲気が全然違った。

**福山**　自民党の議員さんはほぼ原稿棒読みですし、野次も出ない。法案の内容をどれほど把握していたのでしょうか。野党が質問して委員会が中断すると、全体の空気で言えば、やっぱり野党が押しているという感じになる。やっぱり人間がやっていることですから、委員会の雰囲気は外にもジワリと伝わっていきますね。

## 論壇から路上へ

**奥田**　いままでも学者が本や論文を書いたり、対抗的な言論はもちろんあったけれど、この一、二年で、市民に向けた場で話した学者や弁護士はすごい数になるでしょう。僕らの調査だと、集会自体が一三〇〇回以上あって、一回につき五人ぐらい学者が話していますから、単純計算で延べ約六五〇〇人。記者会見や講演会とかも含めたらもっと多いですよね。

論壇という、なんか上の方のえらいところで学者同士が話しているというイメージだったけど、普通の人を相手に語りかけようと思ったら、もっとわかりやすい言葉になる。スピーチの言葉って、かみ砕かないと五分では話せないので要点だけになるし、その弊害もあるかもしれないけれど、わかりやすかったというのは重要なことだと思います。

僕の親戚の女性は小林節さんのことをめっちゃ好きで、韓流スターのような扱いです(笑)。「サインください」とか言いかねない。

僕らも六月末にはブックレットをつくっていたんですが、考え方や解説をコンテンツに落し込む時には、わかりやすい言葉にしないといけないと思って、安保法制は違憲だという話と、後方支援の問題点、武器等防護も実際集団的自衛権の武力行使だということ、そして手続きの問題としてもおかしい、ということをポイントにしていました。
もちろん、安全保障の議論はもっと深めないといけないと思いますが、多くの人は立憲主義も知らなかったと思う。だって、礒崎さんが知らないと言っているんですから(笑)。実際は中学校の「公民」の教科書に書いてあるんですけど。

**倉持** 見出しにもなっていますよね。

**奥田** そうですよ！ 憲法についての記述には立憲主義と書いてあって、国民主権、基本的人権の尊重、平和主義がこの国の原理原則で、憲法を成り立たせているキーはここだ、と書いてある。でも、それは普段の生活のなかでは意識されない。
今回、安全保障以前の問題として、憲法学の本当に初歩的なところ、「主権者は誰なのか」「民主主義って何なのか」、あるいは、そもそも憲法とは何であるのかというところから理解が深まっていった。それは重要なポイントだと思うんです。

## 「ヒゲの隊長に教えてあげてみた」は一〇〇万ビュー

**奥田** 「立憲主義」はけっこうゴツゴツした言葉ですけど、たとえば高校生のデモのときも、「立憲主義という言葉を知らない政治家がいるんです」という発言が出たりする。礒崎さんが立憲主義を知らないと言った時のツイッターの相手は、当時一八歳の高校生だったんです。

**福山** そうだった。高校生だったね。

**奥田** 自民党が安保法制を説明するといって、「教えて！ ヒゲの隊長」というアニメ動画を

YouTubeに上げましたよね。佐藤正久参院議員がたまたま電車に乗ったら、女子高生に「あっ、ヒゲの隊長」といわれて、女子高校生に中年のおじさんが「平和安全法制で抑止力が高まる」と教えてあげるという、セクハラのようなシチュエーションです。

それに対して、あかりちゃんの「ヒゲの隊長に教えてあげてみた」というパロディが出てきた。元ネタの「教えて！ ヒゲの隊長」の再生回数は五〇万回ぐらいだと思いますが、「ヒゲの隊長に教えてあげてみた」は一〇〇万回を越えています。佐藤議員が見て「一本とられた」と言ったと報じられましたが(笑)、本家よりもわかりやすい。

自分たちでかみくだいてわかりやすい言葉にしていく、要点を整理しながら、自分たちの言葉に組み変えていく、そういうことが、全国各地で行なわれたんだろうなと思います。

デモや集会は感情で動いているんだ、と言う人もいます。でも、会を立ち上げたり、集会を開くからには、その理由を考えます。それを明文化しないと、呼びかけもできない。だから、どの団体も、自分たちがなんで反対しているかを、それぞれのやり方で書いている。

**倉持** 外でそういう理解が広がりながら、相互作用的に国会の内と外が感覚でつながっていくプロセスが、参議院で深まっていった印象があります。

**福山** それは目に見えないけど国会の中、「院内」にも伝わってきたと思う。礒崎さんの参考人招致を求めたら、これが鴻池祥肇《こうのいけよしただ》委員長のすごいところで、「俺の決断で呼ぶ」と言ったんです。世論に押されて、さすがに礒崎さんをかばうと、もう審議がもたないという政治的判断があったのかもしれません。総理補佐官が国会に出てくるというのは史上初です。鴻池委員長が「呼ぶ」と言った限りは、官邸も、自民党の国対も、受け入れざるを得なかった。七月二七日から参議院本会議が始まって、二八日から審議で、結果として次の週の八月三日には礒崎さんの参考人招致。これで山がいくつかできたんです。

鴻池委員長が招致を認めたのは英断だったと思います。北澤さんがかなり強くプッシュしたのですが、経験のある政治家同士の、「ここは呼ばないとおさまりがつかない」という阿吽の呼吸だったと思います。

しかしここからがまたなかなか面白くて、普通は各野党に質問させるのに、今回は一五分、野党の代表一人だけが質問するという仕切りだった。クセ球ですね。僕は北澤さんに「それはおまえが責任とるしかないな。野党第一党なんだから」と言われたんです。でも、率直なところ、一般的な参考人質疑で、首をとるとかとらないかを詰めようとすると、謝って逃げたら一五分なんかすぐ経ってしまう。「なんで辞めないんだ」「こんなこと言ったじゃないか」「辞めるべきだ」と追及しても、「辞めない」「辞めない」「ごめんなさい」で終わりです。まちがいなく次の日の新聞の見出しは「野党追及不足」(笑)。参考人、証人喚問で、期待値が高まるほど、「追及不足」「結局首とれず」という報じ方になるんです。

礒崎さんはそうは言っても(笑)、東大法学部卒のエリート官僚出身ですから、逃げ口上はいくらでも言えるし、こちらの質問のあと、残りの半分、七~八分なら逃げ口上の答弁を長々とやればそれでタイムアップ。正直言うと、すごいプレッシャーでした。総理に一時間質問するより、ずっといやでした。

**倉持** 僕が応援しに行きましたね。直前に、「期待してます」と。
**奥田** プレッシャーをかけに行った(笑)。
**倉持** そうそう。「そういうこと言うからだめなんだ!」って怒ってました(笑)。

## 参議院のネット中継はアクセス殺到でパンク

**福山** 六〇分の質疑はその場で臨機応変に相手の答弁に合わせて応酬できますが、一五分ぽっきりではね。相当悩みました。だから、礒崎さんのこの二~三年の発言を全部洗って、ツイッターも全部読んで……。
**奥田** 本当に読んだんですか。
**福山** 読んだ、読んだ。全部読んで、「こんな発言をしていますね」と示さないといけないと思った。めずらしく僕は質疑をする前に、三〇分くらい誰とも話さなかったですね。あとで知りましたが、参議院のインターネット中継はアクセスが殺到してパンクしていた。これはホリエモンが参議院に来て以来だそうです。
礒崎さんは驚くべき発言、ふざけた発言をたくさんしていたので、ある意味、助かった(笑)。「法的安定性は関係ない」はもちろん、「いまのところ私たちのところに解釈の変更は憲法違反だと言ってきている人はいません」「今回の憲法解釈の変更は違憲という話は聞いたことがないです」。驚きでしょ。
特定秘密保護法に対しても、「キャスターが『廃案にしなければならない』と明確に言った。

明らかに放送法に規定する中立義務違反の発言だ」と言っている。これは、政府高官がメディアに脅しをかけたことになります。これを示すと彼は「不注意だった」という答弁をするわけです。僕は、この国会の中で各メディアが、キャスターが自由にものを言える状況をつくりたいと思ったので、この発言を否定させたかった。

「憲法改正を国民に一度、味わってもらう」「怖いものではないとなったら、二回目以降難しいことをやっていこう」という発言もあります。それで僕は「これは一体どういう意味ですか。国民は政権の実験台だとでも言いたいのですか。難しいものとは一体何でしょうか。憲法改正は主権者たる国民の選択です。権力側から上から目線で国民に味わわせるようなものではありません。まさに立憲主義の根本をあなたは理解していない。あなたは一体どう思っているのか」と聞きました。

これは二〇一五年二月の発言ですが、言った時点で、普通なら辞職です。しかし、補佐官として生き残っていること自体、安倍政権の異常性のあらわれといえます。それはメディアも含め、です。

法的安定性以外の、「改憲を味わってもらう」、特定秘密保護法の話、「憲法違反と言う人は私の周りにはいません」という話も、『報道ステーション』と『NEWS23』、新聞もこのことを伝えてくれた。おかげさまで追及不足という雰囲気にはならなかった(笑)。

結果的に、補佐官のあまりにもひどい発言、そして、こういう人を安倍総理がかばっていたことが明らかになって、その後の参議院の審議へのつなぎになりました。次に共産党の小池晃さんが暴露した、安全保障関連法案の八月成立、年明けの施行を前提としたスケジュール表が掲載されているという、防衛省からの情報流出。山が止まらなかった。

## 荒れ続ける参院審議

**倉持** 共産党の内部資料暴露はワクワク感がありましたね。一週間に一回ぐらい出て。

**福山** 共産党の暴露があった時は流会になりました。そう考えると、八月三日が礒崎さんで、八月一一日が小池さん、その間の八月五日には白眞勲《はくしんくん》議員が、中谷防衛相から法文上は核兵器や毒ガスも運べるという話を引き出しています。それが広島の平和祈念式典の前日だった。ここで安倍総理に「帰れ」「憲法守れ」という野次が飛ばされたんですね。僕も平和式典に何回か出席していますが、沖縄の「慰霊の日」もそうですが、首相挨拶の時に野次が飛んだことは、過去にない。

**奥田** 普通は野次を飛ばすほうがおかしいとなりますよね。平和式典には、僕も何回か行ったことがありますが、始まる前にワーッと言う人はいるんですが、遺族会や出席者からめちゃくちゃ非難されて、もう会場に出てこられないという空気になるのが普通です。それが今回は沖縄でも広島でも長崎でも、安倍さんに対して「どの顔してこの人来たんだろう」みたいな雰囲気になっていました。

**福山** 異常でしたよ。その後に防衛省の資料流出ですから、参議院はお盆までずっと荒れまくっていました。防衛省の漏えいは機密保持という点で大問題です。そしてこのことは防衛省幹部にもこの法案に対して疑問に思っている人が存在することを表しています。

**倉持**　七月二八日の福山さんの一発目は、横畠長官に対して「万死に値する」とか「あなた、辞任した方がいい」「辞めれば、歴史はあなたを喝采しますよ」とか、かなり激しく攻めてましたね。

ところが、その質疑の様子が一転して、礒崎補佐官への質問の時は福山さんが落ち着いて、ものすごく静かに追及した。常識と非常識がぶつかっている感じが非常に出ていました。あの時、福山さんとも話しましたが、野球でいうと、九人のうち絶対エラーするセカンドが向こうのチームにいるなら、むしろ選手交代してほしくない、そこを打てばいいんだから。しかも礒崎さんは基本的に、問題発言を確信犯的にずっと言っている。横畠法制局長官はどうですか？

**福山**　彼は、集団的自衛権行使は難しいと典型的に考えてきた良識的な法制局次長でした。最初は外務省から来た小松長官に対しても非常に抵抗があった。次長時代の横畠さんと、長官になった後では、全然人が違うみたいでした。気の毒といえば気の毒です。

**倉持**　「自分が自分でいるための言葉」ってＳＥＡＬＤｓのスピーチにありますが、対極ですね。

**福山**　それが法制局長官だということが問題なんです。国会審議でも言いましたが、何年かに一度、一部の政治家が集団的自衛権を行使したいという誘惑にかられて、そのたびに法制局とやりあう。その中の一人には、自民党の幹事長時代の安倍さんもいた。これまでの法制局長官はその圧力に耐えて、しっかりとブロックをしてきたのが、法制局の矜持だった。

**奥田**　元最高裁判事の濱田さんも中央公聴会で同じようにおっしゃっていましたね。「今は亡き内閣法制局というところが、六〇年非常に綿密に政府提案の合憲性を審査してきた。裁判所は、そういう判断をしないですんだ。将来、司法判断にいろいろな法案が任される事態にもなるのではないか」。

## 政府の答弁はほとんど「クレーマー対応」となった

**倉持**　近めに見ている外部の人間の印象としては(笑)、お盆過ぎぐらいから、政府は、まともに答える気がなくなったのではないか。誠実な答弁がほぼなくなりました。答弁は三パターンくらいで、ほとんど予想できました。

**奥田**　僕たちにも、このまま行ったらどうなるか、という雰囲気はかなりありました。八月半ばの時点で政府が答弁に詰まっているとなると、九月まで国会があるとして、来月何を話すことがあるのか。本当に止まったんじゃないかと。

**倉持**　埼玉での地方公聴会の時に言ったことですが、彼らが繰り返し同じことを言い続けるのは、弁護士的に言うとクレーマー対応なんですよ。

**福山**　僕らはクレーマーなのか(笑)。

**倉持**　会社の法律顧問が、現場が扱えなくなった問題は弁護士に回してください、と言いますね。そして、クレーマーと話すとき、法務はとにかく同じことを言い続ける。最後は「失礼します」と切る。今回、政府はそれと同じことをやりましたよね。

**福山**　お盆明けの八月一九日は四時間の審議で一一回止まった。二一日は三時間で七回止まっている。この辺は答弁が徹底的に荒れ出すんです。

**奥田**　初めて国会を見た人は、テレビをつけてびっくりする。「これ何？　音が出てないんですけど」という（笑）。「国会傍聴に行ってきました」という子たちが、みんな微妙な顔をする。「答弁って、あれでいいんだ」みたいな感想で、何かよくわからないという。

## 八月二五日——審議中断一六回、見守るSNS

**福山**　八月二五日には、自衛隊の安全確保で中谷防衛大臣が引っくり返るんです。

**倉持**　この時僕は、本当にいけるんじゃないかと思った。これで一週間ぐらい止まった。

**福山**　テレビ入りなのに審議を止めるって、よっぽどなんですよ。全部放送時間がずれていくでしょう。あの時は実は北澤さんに、「今回本気で止めにかかります。テレビだからご迷惑かけるかもしれません。先生に何回も委員長席に行っていただくかもしれません」と言ったら、「いい。この局面は一番重要なところだから、もう好きにやれ」と言ってくれたんですね。

僕は「安全確保の規定がない。自衛隊の安全確保はどう担保されるのか」と質問したのですが、中谷大臣は、最初は「隊員の安全確保のための必要な措置はこの法案の中にも明記されている」と言ったけれど、どこに明記されているのか聞くと、もう答えられないわけです。結局「規定はないが、安全に配慮して行なう」「運用で安全を確保する」とぐらぐらになってしまって、午前の審議は流れました。あの時は中谷さんの周りに一〇人ぐらい官僚が集まっていました。

**奥田** あまり国会を見たことがなかったら、官僚が大臣を囲んで耳打ちしているのが普通なのかと思っちゃう。しかも審議が止まって流れたりしたら、次また同じ話で始まるんですよね。そうするとツイッターとかフェイスブックとか情報ツールがまたそれであったまるんです。みんな次は何から始まるのかな、という関心があって、この自衛隊の安全確保規定の時と自衛隊の内部資料が出て止まった時は、「これ、何て答えるの？ 見物だね」「『知りません』て、また言うのかな」みたいな(笑)。

**福山** この二五日は他の野党もすごくがんばって、五時間半の審議でなんと一六回も止まるんです。ここから九月一一日まで、総理は委員会に出てこなくなります。登院拒否状態(笑)。

**倉持** 『そこまで言って委員会』にしか出なくなる(笑)。その頃九月四日に強行採決があるという話が流れていたから、八月二五日に止まった瞬間、それがずれたなと思った。そうすると自民党総裁選の日程があるから、もしかするともしかするかも、という気もしてました。

**福山** さらに次の二六日の一般質疑で、大野元裕さんに対して、米艦に邦人が乗っているかどうかは関係ないという答弁が中谷大臣から飛び出て、騒然とするわけですよ。

**奥田** 「えぇ？」みたいな、あの首相のパネルもう一回出してやりてぇ(笑)。

**倉持** 「あの子どこ行ったの？」って聞きたいですね(笑)。

**奥田** ずっと僕らは米軍のホームページにもそんなことはあり得ないと書いてある、と言ってきていたのですが、そしたら本当に「あり得ません」と。ウソかと思いたかった(笑)。これ

戦争法案に反対する国会前抗議行動でコールするT-nsSOWLメンバー　2015年8月30日．撮影＝矢部真太(SEALDs)

って確信犯だったんじゃないかと思っちゃいますね。

**福山**　八月の終わりから本当に答弁が荒れ出して、八月三〇日を迎える。戦争法案廃案国会前・全国大行動です。この日に国会前に集まったのは一二万人。僕は、実は八月三〇日までは、徹底的に国会審議で追及し続けるしかないと考えていました。八月三〇日を一つの山にしたいと思っていたので、実は参考人質疑も八月三〇日まで入れていないんです。なぜなら賛成の人が必ず来てしまうから。

それが予想以上に八月後半の審議が荒れて、三〇日には一二万人が国会前に押し寄せた。

**奥田**　車道に出ないようにしていた規制が決壊した時はすごかったですね。先頭にいたけど、何が起こっているんだろうと思った。

**倉持**　僕は植え込みに押し込められて、ハラハラしました。

**福山** 九月に入ると、山口繁元最高裁長官の「四七年見解」が誤りだったとしない限り、集団的自衛権の行使容認は整合性がとれないという発言が出ます。八日には初めて参考人質疑が行なわれます。

大森政輔元法制局長官や伊藤真弁護士の違憲の陳述もとても説得力があった。ところが、こんなに参考人の日程がずれ込むとは思ってもみなかった与党は、いよいよ焦って、この質疑の直後に奥田さんも出席した中央公聴会の日程を強行に議決します。与党の本音は、野党が怒って審議を拒否するだろう、ぐらいに考えていたかもしれない。こちらは審議拒否などとんでもない、しつこく総理入りの質疑と地方公聴会の開催を求め、逆に一六日の地方公聴会もやることにした。中央公聴会の後に地方公聴会など聞いたことがない、ますます日程が見えなくなった。

一方で、これほど国会での参考人質疑や公聴会が注目され、その発言が共有された審議も初めてじゃないですか。濱田元最高裁判事や、広渡清吾元日本学術会議会長(元東大副学長)が政府の反対側の公述人ですよ(笑)。僕は、奥田さんの路上での演説やテレビ出演を見ていたので、路上から国会へ、というコンセプトで絶対いけるという確信がありました。与党から「本当に大学生を呼ぶんですか」などと言われましたけれどね。奥田さんに電話して、来ない？ って言いましたよね。

奥田さんの公述は本当に素晴らしかった。

そして、横浜の地方公聴会では、広渡先生と水上弁護士が、冒頭から「まさか、このまま強行採決するなんてことはないでしょうね」と委員長に迫るような公述をされた。会場付近は廃案を求める多くの人々が取り囲み、北澤さん、蓮舫さん、僕たちの乗っていた車が新横浜で立ち往生することになりました。路上から国会に来たのは、奥田さんだけではなかった。広渡先生も学者の会、水上先生も日弁連、みんなともに闘っていたからこそ、終盤になって、どんどん共鳴が拡がっていった。

この地方公聴会は、結局、委員会報告をされないまま強行採決される、という憲政史上初めての事態につながって、後に議事録に「参照」として掲載されるというきわめて異常な扱いとなり、いまだにもめています。

## 6　何のための安保法制か

### 炸裂するトンデモ答弁

**奥田**　国会の珍答弁、トンデモ答弁がほんとに多いんですけど、これって、確信犯だったんじゃないかと思うんです。

**倉持**　引っ張って引っ張って、もういいやという話なんじゃないか。論理が破綻していようがかまわない。

法文を衝かれて、論理的に詰められたら質問せざるを得ないところは答えるのですが、実際にはあり得ない答えになる。米艦防護もそうですが、自衛隊は軍隊ではないからジュネーブ条

参院平和安全法制特別委の地方公聴会終了後，路上で抗議する人　2015 年 9 月 16 日，横浜市港北区．撮影＝矢部真太(SEALDs)

約が適用される捕虜にならないとか、戦闘行為じゃないミサイルは撃ち落とすとか(笑)。

**奥田**　この本より珍答弁の本のほうが売れると思います(笑)。しかも国会内だけじゃないんですよね。ツイッターもそうです。麻生さんの武藤議員へのアドバイスにもぎょっとしました。「そういうことは法案が通ってから言うんだよ」と(笑)。それはオモテで言うことなのか。

**福山**　防衛省は、やっぱりみんな真面目で、特に背広組は法律に則って自衛隊を動かす、ということが染みついています。法律のもともとの立て付けが悪いので、「法理上はできる」という穴がいっぱいあるのですが、でもそれは政策上無理でしょうという話がいくつもあります。「法理上はできるけれども、政策判断ではできない」という範囲が大きく広がるわけです。

「法理上はできますよね」と確認すると、防衛大臣と防衛省は真面目だから「できます」と言ってしまう。そうすると横で安倍総理が、不機嫌そうな顔をして、中谷大臣を睨むわけです。それで「俺が答弁する」と答弁して、「俺が総理大臣だからこれはやらないんだ、それでいいんだ」という空気になる。そういう構造になっていましたね。

でも、総理が政策判断でできないと言っても、法律上できるのだったら、総理が代わったらできるようになってしまう。それに対する答えは、全然返ってこない。

**奥田** 何が武器か、という問題がいちばんわかりやすい例だったと思います。クラスター爆弾は武器ですか、核兵器は？　と質問されて、漫画みたいな返し方しなくてもいいのにというぐらい、平然と「弾薬です」と(笑)。手榴弾ってどうなるんだろう、ツッコミてぇ、と思いました。「発射台がないので武器ではありません」と言っていましたが。

とにかく一貫して、法律や憲法って何のためにあるんですかということに対して、説明ができていない。そういう構造がこわいです。

**福山** 本当にトンデモ答弁のリストをつくったら面白いですよ。でも普通は、それを国会で指摘されれば、修正はできないけれど答弁できちんと担保するとか、もしくは、指摘された部分についてはきちんと政府内である程度統一見解をまとめて、野党なり国民なりに理解をしてもらって出直す、というのが、一般的に重要法案に対する審議のあり方です。それがこれほどにも、とっ散らかったままだという状況。普通ならありえないことだと思います。

## 付帯決議は法的には何の意味もない

**奥田** 文言を部分的に変えようという発想はまったくなかったんでしょうか。

**福山** それを言った瞬間に「この国会で通すな。修正してもう一回出直してこい」と言われるので、与党はそれは意地でも言えなかった。だから、在外の違法な武器使用についての国外犯処罰規定がないじゃないかと言われた時に「別途検討します」と大臣が言ったとたん、総理がすぐに否定して、大臣も慌てて否定をして大混乱、という状況が起こった。要は、不備を認めた瞬間に、「不備な法律だったらやり直せ」となる。それが恐かったんですね。

**奥田** たとえば衆議院が終わる直前にそうした修正をしていたら、通過後、自民党は、ちゃんと国会の運営をやっていますよというアピールにもなるわけでしょう。

**福山** 修正するにはあまりにも修正箇所が多すぎて時間がないし、混乱がよけいに深まってしまう。参議院で修正すれば、もう一回衆議院に戻すことになる。とにかくこのまま突っ切れ、という話です。

**奥田** じゃ与党としては、修正するには、今回の付帯決議みたいに、野党と協議した形をとらないと無理だったわけですか。

**福山** 今回も最後に少数会派が修正したという議論が出ましたが、法文上は修正していないので、どのぐらい担保できているのかは怪しいです。

**倉持** 付帯決議は法的には意味がないも同然ですよ。条文に書いていないわけですから。それは明らかに条文に書くのとはレベルの違う話です。

常識的に考えると立法技術的に書けないわけではないのに、なぜ修正しないのか不思議ではある。最初からこれを通すと決まっていたとしか解はないのですが。

**福山**　それが日本の国会の与野党の法案修正に対する硬直性をあらわしていて、それはどっちもどっちではありますね。そこでメディアも野党も「そんなボロ法案やり直せ」と言わない状況になれば別ですが、こんな失敗してといって責任問題になってしまう。本当に法律をよりよきものにするのならば、国会の中での修正について多少弾力的に考えるルールをつくるのも一つの手です。

とはいえ、今回のようなほぼ違憲であることが明々白々なものを中途半端に修正されたら我々も乗りようがないので、そうすると向こうも意地になって、このまま強行という話になってしまう。

**奥田**　そもそも論ですけど、一一個の法案を二つにまとめて出すことの無理も大きい。一口に「安全保障」と言っても、日中関係の研究者と日米関係では専門分野が違うし、中東やアフリカでPKOをやっている人の見方も違う。自衛隊をどこに出していくかでまた分かれるし、サイバー攻撃とかテロ対策もまた分野は違う。自衛隊法の問題もあるし、「いま何の話してるんでしたっけ?」ということになってしまう。

**倉持**　結局それが、「対案でなく廃案」につながっているんですよね。一一個の法案の中で違憲の部分が不可分につながっているから、どこかの部分を変えて合憲にするのは難しかった。結局、一一個が不可分に違憲性を帯びているというのは、やっぱり廃案しかないんですよ。

**福山**　日本の個別的自衛権に対応するべく、第一要件の、日本が急迫不正の侵害を受けた時に対処する武力攻撃事態対処法に、攻撃を受けていない時の存立危機事態の条文をカット・アンド・ペーストで入れ込むことに、無理があるわけです。

さらに言えば、重要影響事態というのは、もともとは周辺事態で、そのまま放置すれば日本の安全に関わるという状況で米軍に協力しますという法案だったのに、それがいきなり地球の裏側まで行けますよという話になって、日本が直接攻撃される事態ではない状況でも、後方支援しますよ、という話を入れ込んだ法律をつくるから、よけいまた立て付けがわからなくなるわけです。それが一一本、改正一〇本プラス新法一本ある。

## ゾンビ化した霞が関の法的機能

**倉持**　これを立案して書いた人の法的な思考には、目を見張るものがありますよ。この法案を私や水上弁護士、福山さんも二カ月ぐらい読めば、どこの条文がどうおかしくて、どう変えたら大体大丈夫かというのはわかるんですよ。ところがそれをおかしいままカット・アンド・ペーストで出してくる。一体どういう感覚でやっているのか。

**福山**　だから、法律上無理があることをわかっていながら、官邸に言われて無理やりあの閣議決定を条文に落とすという作業をしているんですよね。全体の辻褄が合うようにしようと法体系をつくると、それこそ根底から法体系が覆っちゃうわけですよ。そこまでの大がかりなことはできない。ましてや一一本一緒なわけですから。

**倉持**　部分的にここは合憲であるとか、あるいはここにひずみが出るという事態はあると思うのですが、結局、全部にひずみが出てしまっている。ここだけは大丈夫、というところがあってもよかったのに、それすらもない。

ほんとうに霞が関の法的な機能はこの法案と同時にゾンビ化したと思いましたね。

**福山**　法制局が機能しないからこういう法律が通ってしまう。

**奥田**　チェックする時に資料が数枚しかなかったと報じられていました。

**倉持**　公文書を残さずという、検討した形跡もなかったみたいですね。

**福山**　三権分立の我が国で、司法の世界の、特に最高裁の元長官が、国権の最高機関である立法府で議論している最中の法案に「違憲だ」なんて言うことはあり得ない。というよりも、本来はあってはいけないことです。

よほどの危機感がなければ、そんな発言は出ないでしょう。そのこと自体が、これまで法制局が審査していた法律、さらには今後法制局が審査をするであろう法律に対する国民の信頼性が揺らぐことになるのですから。僕は今回、法治国家の基盤が揺らいだと思っています。そのことに対する危機感があるから、これだけ多くの皆さんが声を上げたのだと思います。

**奥田**　だいたい、いちばん初めに米国議会で、安保法案を通します、と聞かされる。「あれ？　首相はいまどこにいるんですか」ですよね。

**倉持**　結局、公文書が残っていなかったという事実が最後に出てきたのが、手続きを完全に無視する、この政権を象徴していますね。先に米国議会で表明とか、憲法を改正せずに集団的自衛権とか、順番が違うのは、まさに政権の象徴ですよ。

**福山**　手続きこそが民主主義ですから。時間をかけることの意味は、時間とともに納得性を高めていくことにあるんです。

時間をかけても納得性が高まらなければ、それはやっぱり手続きとは言わない。今回は、その納得性を高めることに、安倍政権はまさに失敗した。だって、ていねいに説明してご理解をいただくと言って説明を始めたのに、時間が経過してもだめだということは、政治的に言えば、「国民に理解を得られなかった」と一定の敗北を認めるべきだと思うんです。

## 憲法や民主主義は共生のための枠組み

**奥田**　実際にはもう独裁国家とかクーデターとか言われてもおかしくない事態ですが、それをあまり隠そうとしないですよね。本来、民主主義国家であると言い張るなら、「ご理解をいただく」と言わざるを得ない。「自分で何でも決めちゃいます。納得しなくても関係ない。やりたいからやるんです」と本気で建前抜きで言っちゃったら、それはもう民主主義国家じゃなくて独裁国家です。

**倉持**　手続きに参加するからこそ決定に承服できるわけで、やはりプロセスは重要なんです。今回のような事態になると、もうこの国を割って出るか転覆させるかとなりますよね。

実は、憲法が定めていることや民主主義は、共生の枠組みなんですよ。多様な価値を持っている人がどうにかして共生していくための枠組み。それを全部否定したら、この社会を出るしかなくなる。

いま安倍さんがやっている社会づくりのいちばんの問題はそこだと思います。国民の信頼や民主主義の手続きとか、目に見えないものばかり壊している。目に見えないからこそ恐ろしいのであって、こんな国にいたくないよ、という状態にどんどんなってしまう。

**奥田**　それは安倍政権の問題もあるけれど、これを許してしまっている自分たちの問題でもある。まともな政府で、まともな内閣法制局だったら、もっと憲法との関係を考えるだろうし、修正もされるでしょう。これだけのことがあっても、採決直後でまだ内閣支持率が三五％あるというのは、事の重大さがまだ伝わりきれていないのか。

**倉持**　国会審議が始まった五月一日時点で、内閣支持率が朝日で四五％です。読売で五三％。六月一日が朝日で三九％、読売が四三％で、九月一日で朝日が三五％。それが一〇月一八日になると朝日が四一％、読売が四六％に回復する。

今起こっているのは、かつての自民党政権、低支持率で内閣総辞職した森喜朗政権や民主党に政権交代した麻生政権よりずっと、国家としてひどい事態だと思います。あの時は支持率が五％や九％になったのに、なぜ安倍政権への支持は根強いのか。

**奥田**　僕の高校時代、首相の問題は、「漢字が読めない」ことでした(笑)。それに比べてもっと根幹的な問題が起きている。民主主義は大事であるという価値観を共有する社会であれば絶対やってはいけないことをやっているのに。米国議会で、「憲法とか独立宣言とか、あんまり知らないです」と言うなんて、なかなか想像できないですよね。アメリカだってトンデモ発言をする議員も多いですが、建前としては、アメリカのデモクラシー、憲法に誓いを立てて政治が行なわれていく。

**倉持** 濱田邦夫元最高裁判事も、知性、品性、理性を尊重しろと、少なくとも、それがあるようなふりだけでもしてくれ、とおっしゃいましたね。

**奥田** アメリカもイギリスも、まちがった戦争をして、後でカッコつけて「誤りを犯した」と言う。それって滑稽だし、欺瞞でもあると思いますけど、でもきちんと検証していく態度があって、誤りだったと判断した場合に、国民に「自分たちはまちがっていた」と言うことができるから、ある程度民主主義が機能する。

それが言えない社会のほうがこわいんですよね。国会でも「酔っぱらった人が運転している」というたとえ話がありましたけど、ブレーキが利かない状況、つまり、反省できない人には、まちがった法律を書いてしまった時に、修正や是正はできないと思う。

## 7　社会と政治はどうつながるか

### 社会もメディアも分断されている

**福山** 今回の特徴として、社会が分断されていることと、安倍総理がどんな発言をしようが、なかったかのように報道しないことがあったと思います。ニュースとして報じられなければ、そのメディアだけを見ている人にとっては、なかったことと一緒です。メディアも完全に分断されている。国民も自分の嗜好に合ったメディアを見るから、国会での審議も見ず、事実を知らない人は、安倍政権を支持し続けるでしょう。経済だけがんばってね、景気よくしてねというわけです。だから、支持率は一定程度減らない。でも、数字上の支持率は四〇％かもしれませんが、安倍政権は受け入れられないと確信的に思う人の数は、ベースとしてはすごく増えた。ただ、このように社会が分断されていることは、安倍内閣のいい悪いを超えて、日本の社会の健全性を損ねつつあるとも思います。

**奥田** 今回、安保法制に賛成している新聞は読売新聞、産経新聞、日経新聞でした。なかでも読売は、一所懸命、賛成の論点で解説していたけれど、その読売の調査で、いちばん「わからない」の割合が増えた。あれだけ賛成の意見だけを載せ続けたのに、わからなくなっちゃったんですよ。これはすごく象徴的だと思います。

現政権に賛成か反対か、賛成なら安保法制に賛成だよねという筋道で論点を書いていくと、逆にわからなくなるのかもしれない。賛成派の答弁自体がずれているのだから、わからなくなって当然とも言えますが。たとえば読売が全体として安倍政権に賛成だと、そういう立場をとること自体はいいと思うんです。ただ、安保法制に関しては、もっとちゃんと論評しないといけなかったことがあるのではないかと思います。

何でここまでされてもまだ賛成がいっぱいいるのか。安保法制に「反対」と明確に言えなくても、わからない人は増えている。でも安倍政権それ自体についてはさらに判断能力が鈍るというか、「そうは言っても」という〝支持〟なのか。

**福山** それはやはり、冒頭にお話した我々民主党の失敗と、代わりがないんだからしょうがない、という人が一定の数いるのだと思います。

**奥田** そうかもしれませんが、かといって安倍政権をこのまま支持するかという話には本来ならないはずなんですよ。

保守系の論壇で良心がある人たちは、安保法制については確かにちょっとおかしかった、しかしそうは言っても現政権以外に政権を委ねるところはないじゃないかと主張しています。でも、それだと現政権が極端なことをやっているのに、全体の軸がそこに寄っていってしまう。それに付き合わされるのはやっぱりおかしいと思います。

それと、「政権を誰に託すか」というところに、逆に安保法制の話が引っ張られ過ぎていませんか。自民党支持だからって、安保法制に反対していいはずだし、安倍政権がいいと思っている人でも、七〜八割の議席をこの政権に与えてもいいとまで思っているのか。次は四割ぐらいでいいいんじゃないですか。

## 「支持なしの池」に滞留する有権者

**福山** 二〇〇七年五月に、「消えた年金」問題について、長妻昭さんが厳しく追及した。安倍総理が「国民に不安を与えてはならない」と答弁した時、実は安倍政権の支持率は落ちなくて、民主党の支持率も振るわなかったんですよ。ただ、その二カ月後、七月の参議院選挙では民主党は「逆転の夏」で、六〇議席を取り、第一党になる。攻撃している野党は、その時点では反対だけ言っているととらえられて、支持率は上がらないんですね。

裏返して言うと、菅政権の時、浜岡原発を止めてから、一気に菅総理に対する不信任案が提出されたりして、民主党の支持率がガーッと落ちるんですが、自民党の支持率が上がっているかというと、上がっていない。だから問題は次の選挙でどういう受け皿をつくるか、ということなんです。

いま、「支持なし層」がたまっているんですよね。その「支持なしの池」にすごい数の人たちが滞留しているんです。ただし、相対的に安倍総理の支持率が高いのは事実で、当時の菅政権は二〇%ちょっとで、第一次安倍政権の最終局面も二〇%で、麻生さんの時も最後は二〇%なので、この数字の違いは一体何なのか、ちゃんと見なければいけない。そこにはやはり経済の問題があると思います。

**奥田**　野党が政権を攻撃するのは当然ですよね。それが、攻撃している野党の支持率が常に上がらないというのは、その論戦はあまり関係なくて、選挙に勝つか負けるかで支持率が変わるということですよね。つまり、ねじれがあって野党が次に勝てそうになると支持が増える。それは、デモクラシー、あるいは二大政党制という観点で考えたらどうなんだろう。

こういうイシューではこの政党を応援する、という人たちが一定数いてもいいんじゃないですかね。常に支持率五〇%、四〇%で拮抗してなくちゃダメだとは思いませんけど、世論調査では軒並み野党の支持率は九%、八%とかで、三〇%ぐらい行ってもいいんじゃない？と思ってしまうんです。有権者側が、もう少し支持政党を意識することがけっこう大事なんじゃないかな。

**福山**　日本の政治文化として、政党にコミットするというのはあまりないですよね。私の熱心な支持者でも、世論調査の電話がかかってきたら民主党の支持と言わない人が多いようです。

**奥田**　党員になるのは確かにハードル高いですよね、どういう状況があってもその党についていくというのは、ちょっと。でも支持政党というのはこの局面において支持するかどうかだから、別に変えたっていいわけですし。

**福山**　そこには段階があると僕は思っていて、いままで安倍政権と自民党にそれなりの支持があったけれど、安保法制である程度剝落してきた。でも、その剝落部分が一足飛びに民主党に来るのではなくて、「支持政党なしの池」にいったん滞留するんです。

次の選挙の時に、「安保法制があったからな、こっちに行くか」となるか、あるいは、受け皿がなかったら投票に行かないという選択か。まず「支持政党なしの池」に滞留するのが、日本の政治文化です。僕は、それはそれでいいと思っています。

**奥田**　なるほど、非常にプラグマティックというか、考えて毎回毎回その池から違う選択をするんですね。

**福山**　そうです。この池は支持政党なしだから、状況によって投票行動は変わるわけです。選挙では、最後の無党派が乗ってきたら、いい勝負になる。そこに野党結集や次の政策の対立軸は何かによって、流れができる。党員、支持者、支持政党なし層、三層構造になっている。

## 路上の勢いが強行採決を生中継させた

**奥田**　原則をいえば、誰が政権をとっても、別に自民党でもいい。でも暴走したり、「立憲主義って何ですか」という態度をあらわした時に、どうやって市民の側が政治にコミットするか。それを僕ら自身は考えなきゃいけないと思います。

政権をとるというポジティブな方向に協力していくことも大事だと思いますが、そのあと、また池に帰って行くだけでいいのか。

政策論以前の問題として、池にいながら政治のことをある程度判断する回路はないのか。池の人たちが「もう無理だ」、と思ったらその政権は維持できなくなるかもしれないわけですよね。

社会と政治家のつながりについては、どう考えていますか。

**倉持**　法治を崩壊されて、そのまま政権をとっていられて、四〇％支持されて、「じゃ次は成長戦略です」と語るのを許す状態しか、我々にはないのか。

**福山**　やっぱりいちばん強いのは国民にファクトを見せることですよね。切り取られた映像や第三者が分析している解説ではなく、SNSを通じてでも、書き起こしを介してでも、国民が国会の状況を見ることがすごく重要だと思っています。

今回、奥田さんはじめ多くの人が動いたことの最大の効果は、NHKが参院審議ラストの三日間を生中継したことだと思うんです。路上の勢いがなければ、NHKは絶対にやらなかった。自民党も普通なら止めるはずです。強行採決なんて、いままでほとんど生放送されたことがないですよ。総括質疑まで大体総理が出て、総理が議場を出た瞬間にＮＨＫは放送を終わって、そのあと強行採決がされてニュースで切り取られる。これがいままでの仕組みだった。

しかし、今回、ＮＨＫに衆議院の強行採決をなぜ実況中継しなかったのかというたくさんの抗議がなされて、「参議院の時にＮＨＫは実況中継するんですよね」と山本太郎さんが生放送中に言って、プレッシャーが強まった。

僕は、最後の三日間、一七日は夜中まで理事会室にこもって、いったん帰って、朝八時五〇分に行った時に理事会室の場所が変わっていたので、だまし討ちだと騒ぎました。自民党の理事に、面と向かって机を叩いて、失礼なことに、指までさして相当怒ったんですけど、あれが実況中継されているなんて夢にも思っていなかった。これまでの国会の歴史で、そんな場面が中継されていることはないんですから。

**奥田**　そうだったんですか。

**福山**　僕へのメールには、国会であんなに怒って、下品だ、乱暴過ぎるという批判もありますし、本気で怒っていたことが伝わった、という反応もある。

僕は、委員長に向かって、「あなた信義の人なのに、誰の指示でそんなことさせられてるんだ」とか言っていますが、あの映像を見て国民がどう感じたか。

そのあとの委員長に対する不信任動議の趣旨説明、五〇分の演説も、僕は生中継されているのを知らなかった。これが最後のチャンスかもしれないと思うから、覚悟を決めて法案の問題点も全部一応言っておこう、議事録に残しておかなきゃだめだと思って、五〇分原稿なしでや

参院特別委員会で与党議員が鴻池委員長を取り囲み安保関連法を強行採決　2015 年 9 月 17 日．朝日新聞社

ったんです。

同じように福島みずほさん、井上哲士さん、山本太郎さん、あわせて三時間以上、それぞれ闘ったじゃないですか。

それで、「ああ、終わった、次はどう展開していくか」と思ったらドヤドヤッと二〇人ほどの、委員でない自民党、公明党の屈強な議員たちが入ってきて、暴力的にいきなり囲まれて人間かまくらですよ。あの状況を国民が生でつぶさに見ているなんて、これまでだったらあり得ない。あとで聞いたら、一五％も視聴率があったそうです。

そのあと、生中継していたＮＨＫも他局も、「野党の議員が委員長席に迫って」と報道する。でもそれは事実じゃない。野党の人間ではなく、自民党、公明党の非委員が入ってきたんです。生中継だったから、僕にマイクが向けられたから、「あれは野党じゃありません。与党です。誤報しないでください」とキャスターにその場で僕は言う。それをずっと国民は見ているわけです。

この効果、みんながファクトを見ていた三日間、奥田さんや、多くの人々が国会に集まって声をあげ、全国で集会をした副産物というか、新たな民主主義の可能性の扉が開かれた。人々がファクトそれ自体を目にすることを得た。だって、あの映像を見たあとでNHKニュースを見た人は、「NHK、何言ってるんだ」と思いますよね。

今後は、国会で起きていること、安倍政権の問題点を、人々にどうやって伝えるか。働いているからデモにも来られない、ニュースに接する時間もない、そういう人たちに対するメッセージとファクトを伝える回路をどうつくるかが、今後僕らの課題だと思っています。

## 国民が知りたいのは「国会で何が起こっているか」

**奥田**　よくも悪くも民主党の支持率は上がっていない。後半に行くほど野党議員もがんばったけれど、それ以前は話題には出てこない(笑)。

そもそも、野党議員がこれぐらいがんばったらこの法案は止まるとか、そういう話でもないと思うんです。それこそファクト、いまの政治の問題が争点であって、もっと国会議員も、「我が党は」ではない議論をしてほしい。この法案自体のここがおかしいとか、決定のプロセスがこれだけおかしいんだというファクトだけ語って、「あとは判断してください」というほうが、むしろ強いメッセージを与えるし、それで動く人たちのほうが強い。民主党の存在云々かんぬんという話になると、「そうは言っても……」と、結局現政権支持に持っていかれてしまう。

「これは政治それ自体の問題なんです。与野党の支持を問わず、事実としておかしなことが起こっている」と。そういわれて考え出す人たちは、また次の安保法制みたいな問題が出てきた時もそこで考えると思う。立憲主義を基本に憲法問題も考えるだろうし、改憲か護憲かについても、今回たくさんの人がきちんと考えたことで、かなり整理できたところもあります。政治家の方はもっとそこを信じてほしい。政治をそのままぶつけられても判断できる力は我々国民側にけっこうある、という思いはあります。

国民がいちばん知りたかったのは、「どの野党が何を言っているか」より、「国会で何が起こっているか」だった。中継されたのは、国会の外にいる僕らの努力でもあるし、国会議員の方も、もうちょっと外の人間の力を信じてもらえたらなと思います。

**福山**　それは、政治家と国民の間のコミュニケーションの問題、キャッチボールできているか、だと思います。個人的にはSEALDsの前に行っても、「総がかり行動」の前に行っても、僕は「民主党は」という主語で語ったことはないんです。だって僕が行けば民主党、小池晃さんが行けば共産党の議員だとみんな知っているんだから。みんなが知りたいのは、状況はいまどうなっていて、どう闘うのか、だということですね。

**奥田**　だから、九月一九日、最後の演説で、福山さんが「私は国会の中と国会の外でこれほど政治がつながった経験をしたことはありません」と言っている前後で、国会前では「福山がんばれ」コールがありました。

**福山**　もちろん、そのときは全然僕は知らなかったんです。あとで映像を見てウルウルするんですけど（笑）。

**奥田**　一回、二〇一四年頃のデモで、友達がスピーチする中で「政治家に普通にありがとうと言いたい」と言って、「何言ってるんだ」と僕は言ったんです。

権力というのは暴力装置でもあるし、議員にも権力を一部委ねているに過ぎないので、それはツールとして考えて、そこに情とかは一切なしで、ありがとうとかよくやったとかいう問題じゃない。むしろ、議員ががんばるのは当然だし、税金を使っているんだから……と、そいつと夜中まで喋ったことがあります。

僕はずっと、「政治家なんて信用するな。ありがとうとか言い始めた時におかしくなるんだよ」と言い続けていた。その友達は政治学とか特に勉強してない普通の感覚で、「それでも普通に『ありがとう』と言ったらよくない？」と。それが一年経ってみてこんなことになるとは（笑）。「ありがとうございました」とか言っているわけですよ。国会前で。

参院本会議で反対討論中の福山議員　2015年9月19日．共同

だから、去年と今年で国会を見る光景も全然違うし、こういう形もあるんだ、といまは思う。それこそ、野党の支持率がもっと増えてもいいだろうとか言いつつ、確かに僕も「支持政党は？」と言われたら、僕はすべてのメディアに「ない」と言っているので。

実は、これまで起こっていたことというのは、支持政党なしの人たちがどう国会議員を路上に、デモの場に受け入れるのか、だったんです。それってけっこう矛盾しているんですよ、だって支持政党はないんだから。政治家が来ることには基本的に意味がないというか、うちは無党派の集まりなのでお断りです、というのが普通です。でも、支持政党なしのまま、政治的なファクトを見た人たちが、今回「安保法制反対」というところでお互いを受け入れていく。普通に「ありがとう」と言うし「がんばれ」と言うし、このままそれがカルチャーになったらいいなと思います。日弁連が与野党問わず知識を提供しようとしたことも、同じような認識かと思います。

そうやって、政党の支持率が増えないというところだけ見るんじゃなく、確かにそこを見たら安倍政権の支持率は高いねという話になってしまうけど、次の選挙がある。支持政党なしのまま、誰かを応援したっていいんですよね。党員じゃなくても、ちょっとイデオロギー的に違っても、結局一人区だったら一人しか当選しないし、今回だったら安保法制にイエスかノーか、廃案か原案のままかという点で最終的に決まる。全然支持政党的には違う政治家の人を応援しながら、政治のことを考えても別にいいんじゃないかなと思うようになりました。

### 政治家に薪をくべるのは有権者

**福山**　奥田さんが「ありがとう」の話をされてちょっと驚いたのですが、僕は今回、政治家として初めての経験があって、街を歩いていたり新幹線に乗っていたりすると、「ありがとう」と手を握られる。「がんばって」とか「応援してるよ」はこれまでもありました。でも、今回、「ありがとう」と何人もの人に言われた。僕にしてみれば身の置きどころがないというか、つらいんですよ。「いやいや、力不足で通されてしまって、申し訳ありません」としか答えられないのですが、ある種の発見であり、うれしいコミュニケーションでした。

こういう関係っていいなと思うんです。なぜなら、それはすごいプレッシャーに変わるから。一回「ありがとう」と言われた人間が、次に「おまえ、やっぱりだめだわ」と言われるのはなかなかつらいことですから。

今回の参議院での審議では最後まで、廃案を目指した各政党、共産党、社民党、生活の党と山本太郎となかまたち、さらには無所属クラブの議員は、限られた時間で一生懸命質疑した。なぜそのモチベーションが生まれたか、それはやっぱり国会の周りに集まっている人たち、SNSで見ている人たちがいる、その緊張感があるからです。自分たちを見ている院外の目がある、そこではずかしいふるまいや質問をしたら、何のために政治家をやっているのか。

政治家を育てるのは有権者なんですよ。政治家にガソリンを入れて薪をくべて「がんばれ」「がんばれ」と燃やすのも、やっぱり有権者なんです。

有権者の声がNHKの生中継につながるし、それが新たな相乗効果を生んで、プラットホームをつくり、民主主義の可能性を広げることにつながっている。

さらに日弁連も、これまでは特定秘密保護法の時でも統一的なスタンスはとれないということだったけれど、安保法制では全国で一斉に動いて、さらには知的な領域でも協力をしてくれた。違うステージになったと思います。来年の参院選は三二ある一人区が勝敗を決します。全国で互角の戦いをしなければならない。複数区や比例はそれぞれの政党の闘い方がある。しかし一人区は立憲主義を守るという旗のもとに、勝てる候補者をいかに多くの市民やグループ、団体、政党が結集するかにかかっています。

**倉持**　ＳＥＡＬＤｓが無党派を打ち出したことが、象徴的に今回の動きを生んでいる。野党も、どういう目で見られているのかというプレッシャーがあったと思うんです。野党の支持団体だからという立場主義で政権を批判しているのではなくて、「しっかりしてくれない野党も俺らは応援しないっすよ」という無党派、超党派感。それがすごく野党を育てた。

**奥田**　常に緊張関係にあるとは思うんです。心情的に自分がやりたいことではないけど、いまこのタイミングでこれを言ったらありがとうと言われるだろうな、と思って動く人もいると思う。でも、そのぎりぎりの緊張関係の中で、いま何をすべきかを判断していくのが政治家ですよね。

逆に院外の声はまったく聞こうとしない極端な例が安倍政権でした。「違憲と言う人を見たことがありません」というのは、その人の世界には「ノー」という人がいないということです。だから、僕らも揺らぎながら覚悟を決めて、政治家をデモに呼んで「ありがとう」と言うことは、自分たちなりの政治判断でもあるし、これで別に全権委任しているわけじゃないですからね、という確認でもある。

政治家に「ありがとうと言うか」という話をしたと言いましたが、それは「ありがとう」と言ってみたいよねという話、言わせてくれよ！　という話なんです。その緊張関係、育てていくという感覚はすごく大事だと思います。

## 自分たちが動いて政治が少しでも変わるなら

**倉持**　安倍政権が小選挙区への過剰適応をしているというか、政党としてトップが決めたら個々の議員の意思はないんだ、だから総裁選でガチンコで議論する必要もないという議論もあります。でも、それだったらロボットの方がまちがいや揺らぎがなくていいんじゃないか、という話になる。人間がやる政党政治の営みからは離れたものだと思うんです。

むしろ、「ありがとうって言ってみたいよね」と、あれこれ迷いながらも、常に考えて、自分なりの意思決定をする。そういう民意を受けて政治家が自分たちで判断していく。党としてなのか、議員個人としてなのか、その揺らぎをいつも持っていくことが人間の営みとしての政治であって、安倍自民党のあり方と対照的ですね。

**奥田**　何かをしたことに対してリアクションがあった、それについての「ありがとう」ですからね。自分たちが何かすることで政治が少しでも変わる可能性があるんだ、変わるんだという感覚を持てるか、もう何を言ったって初めから議会の構成で決まってしまっているでしょうということなのか、それは全然違う。

**福山**　国会の中でも、言葉を失った自民党に対する驚きがあるんですよ。なんで何もみんな言わなくなっちゃったの？　と。

加えて、今回予定調和というか国会対策委員会で与野党が裏で握る、みたいな世界から、ガチンコ審議の世界になったことによって、メディアが採決の時期について誤報を続けるわけです。カレンダーだけ見て、官邸の「この日にやるぞ」という話を取材して報道するからまちがえる。

ところが、まさにさっき言われたような人間の営みだから、参議院の審議の状況では「こんなので採決できるか」という空気が与野党ともに出てくるんです。そこで完全に予定調和の世界が崩れていく。それが外に伝わるから臨場感も出る。

**奥田**　でも、そもそもそうじゃなかったら、議会で議論している意味がないじゃないですか。国民、市民が政治にコミットする意味もないですよね。結果として、全部とは言い切れないけれども、今回その感覚が少しでも持てた。それは、自分たちが動かした面もありますが、自分たちの声に応えてくれる人たちが国会にいた、ということなんじゃないか。

## 「次、どうしようね」

**奥田**　だから九月一九日、強行採決で終わった時、朝五時頃かな、悲壮感は全然ありませんでした。特定秘密保護法のときのような終わり方をしていたら、違ったと思います。あの時は誰も来なかった。国会議員が報告に来たり、「国会の前に集まっていたみなさん」という話は一切ありませんでした。

それが今回は、さっきまで国会で演説していた人たちが来て、「すみませんでした」と言う。「闘いに負けて勝負に勝った」という福山さんの言葉も含めて、何かその感覚がわかるんです。この光景って一体何だろう、と思いました。もちろん、共産党員の集まりだったら共産党の議員さんが来て報告するでしょう。でもそうじゃない、山本太郎さんも来るし、福島みずほさんも来るし、民主党の方も二人来るし……。そういう光景を見て、帰る時のみんなの顔が明るかった。とりあえず今年は終わっちゃったけど、新年が明けた朝、みたいな（笑）。

**倉持**　眠いけど清々しい。

**奥田**　そう。清々しい感じになっていて、それはやっぱり、これから何が起こるんだろうという感覚、これまでこうだ、と思っていた現実を一つ変えられたかもしれないし、これからも変えていく可能性が自分たちにはあるんだという感覚だったと思います。

「総がかり行動」の人たちはほとんど帰っていたし、残っていた人たちは比較的若いのですが、世代感はわりと広かった。男性ばっかりとか女性ばっかりでもないし、世代とか性別を越えて、党派性も越えて、しかも政治家を毛嫌いするでもなく、そこにはちゃんとした手応えがあった。さらにここから、次は選挙まで考えて、「次、どうしようね」とか言いながらみんな帰って行く。あれは悪くはないというか、安保法制は通っちゃったけれど、でもすごく希望を感じました。

**倉持**　フルーツバスケット感（笑）。一回シャッフルして、ここで態勢を立て直せばいいスタートが切れるんじゃないかという感じがありましたね。法律の世界でも、実は実務家と学者って、お互いになかなか歩み寄れないでいたんですよ。学者には「霞を食って生きている」「象牙の塔にこもっている」、実務家には「実務だけで最先端の理論を知らない」「教えてもらうことは何もないんじゃないか」、お互いそんな印象を持っていた。でも、いまはすごい地震が来たからとりあえず手をつないでいよう、という状況です。

今回法学者と実務家は、意見表明は一緒に行ないましたが、知的な営みとしては何も協同作業をしていない。まだ出発点に立ったところだと思います。そこを今後、我々が垣根を越えて作り上げていけるかが、我々世代の一つの課題だと思います。

**奥田**　安倍政権って、たぶんそういう機能をもっているんですよ。

「政治家にありがとうと言うか」という話なんか、きっと一〇年後の人たちには何のことかわからない。「党派性はないとか言っているけど、実際政治家を呼んでるじゃない」みたいに思われるでしょう。同時代にしかわからない感覚ですよね。

あの感覚を抱いて、ここから何を始めるか、という地点にいま立っているんだと思います。

# 政府答弁が描き出したトンデモ「我が国防衛」

倉持麟太郎

## あらゆる正当性を脱ぎ捨ててしまった法案

九月一九日未明、いわゆる安全保障関連法案が成立した。

法案成立にあたって、法が法として通用するためのあらゆる要素において瑕疵を帯びたまま、政府与党は、むき出しの「多数決主義」で法案を可決してしまった。

しかし、そこに現れたのは、国民の意思の具現化であり、権力に近づくものこそがその磁場に縛り付けられる憲法および立憲主義の無視と、その憲法によって立法権を授権され、民意の集約・反映機関たる国会における民意無視であった。

さらに、法案をめぐる質疑において、政府与党の不誠実・不合理・不十分な答弁としてあらわれた民主的正当性および法案を支える論理的整合性や立法事実の欠如。内的違憲性判定機関である内閣法制局のイエスマン化ゾンビ状態。公聴会の委員会報告をしないまま、野党議員の表決権を奪った上での暴力的採決という手続的瑕疵。

これらいずれをとっても、本法案に、法としての正当性を付与することは難しい。

法案は、その条文間の整合性や、解釈によって描き出される世界のみならず、その審議過程、成立過程における法案提案者たる政府の答弁によっても、どのような世界が描かれようとしているのかを理解することができる。

本稿では、法案自体の矛盾・論理破綻は措き、衆参の平和安全法制特別委員会（我が国及び国際社会の平和安全法制に関する特別委員会）における政府答弁によって描き出された、「今後の日本の安全保障体制の姿」を明らかにしたい。

結論から言えば、その画《え》は非現実的・非論理的であり、さらには、日本の国防をむしろ矮小化しかねない結果を導いている点で、非常に重大な問題を抱えている。

ここでまず取り上げたいのは、日本がA国から武力攻撃を受けた場合、A国の後方支援を行うB国に対し、個別的自衛権による武力行使が可能か、という論点である。

従来の政府答弁においては、日本に対して武力攻撃を加えるA国に後方支援を行うB国に対しても、自衛権の行使として武力行使ができると答弁してきた。

まず、これまでの答弁をいくつか紹介しよう。

・昭和五六（一九八一）年四月二〇日4号　衆議院　安全保障特別委員会
角田禮次郎内閣法制局長官（当時）

「……わが国に武力攻撃を加えている国の軍隊の武器を第三国の船が輸送をしている、それを臨検することができるかという点でございますが、一般論として申し上げるならば、ある国がわが国に対して現に武力攻撃を加えているわけでございますから、その国のために働いているその船舶に対して臨検等の必要な措置をとることは、自衛権の行使として認められる限度内のものであれば、それはできるのではないかというふうに私どもは考えております」

・平成一一（一九九九）年三月二六日3号　衆議院　日米防衛協力のための指針に関する特別委員会

大森政輔内閣法制局長官（当時）

「……A国が我が国に対して武力攻撃をしている、B国がA国に対して武器の輸送等をしている、それに対して、我が国がそのB国の武器を輸送している船舶に対して自衛権の行使ができるか、その理由は何か、こういうことでございますね。……B国の行為がA国の我が国に対する武力行使と一体化している、したがってB国の行為も我が国に対する武力行使に当たる、そういう場合であるならば我が国は自衛権が行使できます。あくまで我が国に対する武力行使、自衛権発動の要件を満たすという状態に達しているならば自衛権行使ができますということを答えたものでございます」

・平成一一（一九九九）年四月二〇日9号　衆議院　日米防衛協力のための指針に関する特別委員会

高村正彦外務大臣（当時）

「……A国に対するB国の後方支援と我が国の自衛権行使について一般論としてお答えをいたしますと、第三国であるB国がその国の行為として、我が国に対して武力攻撃を行っているA国を支援する活動を行っている場合について、B国のそのような行為が我が国に対する急迫不正の侵害を構成すると認められるときは、我が国は、これを排除するために他の適当な手段がなく、必要最小限度の実力の行使と判断される限りにおいて自衛権の行使が可能である、こういうことでございます」

ところが今国会で、現政権は「後方支援のみを行う国に対しては武力行使をすることができない」と答弁しているのだ。

## 今国会では一転「後方支援だけの国」は放置へ

・平成二七(二〇一五)年八月五日8号　参議院　我が国及び国際社会の平和安全法制に関する特別委員会

○中谷元国務大臣　我が国に対して武力攻撃を行っているのはA国ですよね、A国が日本に武力攻撃を行っている。そして、それを、後方支援がB国が行っているとしましたら、A国に対しては我が国としては個別的自衛権等に基づいて武力の行使を行うことはできますが、B国に対してはできないということでございます。

○藤末健三委員　それができない理由を教えてください、法上の。理由を教えてください、理由を。なぜできないかというのを教えてください。

○中谷元国務大臣　三要件を満たしているかどうかということで、三要件をA国に対して満たしたということでございます。ところが、B国は後方支援を行っているということでございまして、B国に対してはできないということでございます。

○藤末健三委員　どのようにその三要件を満たしていないか教えていただけますでしょうか。

○中谷元国務大臣　B国は我が国に対して武力行使、武力攻撃をしていないということでございます。

・平成二七(二〇一五)年九月九日18号　参議院　我が国及び国際社会の平和安全法制に関する特別委員会

○藤末健三委員　A国というヘリコプターがある、そしてB国の艦艇が、魚雷と給油をしていますと。そして、そのB国の船が我が国の自衛隊の潜水艦の魚雷の射程に入ったときにそれを攻撃できないとおっしゃるのか、イエスかノーかでお答えください。

○中谷元国務大臣　我が国に対して武力攻撃を行っているというのはA国でありまして、B国の艦船は後方支援、これは給油を行っているのみでありまして、武力攻撃を構成していないということであれば、B国に対しては武力攻撃はできないと考えております。

・平成二七(二〇一五)年九月一一日19号　参議院　我が国及び国際社会の平和安全法制に関する特別委員会

○福山哲郎委員　……A国は日本に違法な武力攻撃をしています。B国は、このA国の戦闘機に補給艦が同じように給油や弾薬を補給しています。このB国の補給艦に対して日本は自衛権を行使できますか。

○中谷元国務大臣　我が国に対して武力攻撃を行っているのはA国でございまして、B国は後方支援を行っているのみでありまして、武力攻撃を構成をしていないということであれば、A国に対しては我が国としては、国際連合憲章上、個別的自衛権に基づき武力の行使を行うことはできますが、B国に対してはできません。

## 矮小化される個別的自衛権と違憲な後方支援の相克

なぜこのような答弁の変遷が生じたのだろうか。

理由は明確である。すなわち、本安保法制で、日本は、新たに「後方支援」として発艦準備中の戦闘機への給油および弾薬の提供が可能になった。この行為は武力行使と「一体化」していないから憲法に違反しない、という説明である。

これを先ほどの日本の防衛の話に当てはめてみよう。

従来の答弁のように、「日本を攻撃してくるA国に給油および弾薬の提供をするB国は、日本の個別的自衛権の対象である」とすると、B国の後方支援行為がまさに武力行使か、武力行使と密着する行為であることになる。

裏返せば、日本がB国を攻撃できるとすると、日本が今回の安保法制でやろうとしている後方支援は、武力行使そのものか、少なくとも武力行使と「一体化」したものであると自白してしまうことになるため、政府は、口が裂けてもB国を攻撃対象とは言えないのである。

しかし、これは、違憲な後方支援を肯定したいがために、自国の個別的自衛権を矮小化し、自国防衛を犠牲にするという深刻な問題を内包している。

つまり、今までは、政府がやりたい後方支援には、違憲だとして発艦準備中の航空機への給油等が含まれず、日本自身がそうした行為をすることが予定されていなかったから、これを行う敵国(B国)は個別的自衛権の対象として攻撃できたが、本法制で、日本が行う後方支援の内容として戦闘機への給油等を規定したがために、違憲性を糊塗しなくてはならず、これを行う敵国は攻撃できないと答弁を変更したのである。

専守防衛を掲げて七〇年の平和を享受してきた日本が、自国防衛より優先すべき後方支援とはいったい何なのだろうか。

## 「有事にも安全配慮義務を負う」という虚偽答弁

自衛隊を出動させる場合、防衛大臣には、「安全確保配慮義務」がある。これは、社会生活上特別の関係に入った当事者間で、法的に負う、特別に安全確保を配慮する義務だ。

たとえば、自衛隊員が整備中の事故で亡くなったような場合、防衛大臣は、信義則上、安全配慮義務違反を負う可能性がある。

基本的に、防衛大臣が安全配慮義務を負うのは平時＝非戦闘状態のみで、有事＝戦闘状態のときは、信義則上発生する場合はあるとしても、原則的には、安全配慮義務を負わない。平時と違い、有事の際に安全配慮義務を観念してしまうと、すべての国土防衛のための戦闘行為についても安全に配慮しなくてはならなくなり、事実上、戦闘行為等が十全にできなくなってしまうからである。

これを受けて、平時行動を想定している国際平和支援法等には、防衛大臣の安全配慮義務が明記されている。

ところが、「現に戦闘が行われていない現場」のみでの後方支援行動を規定し、平時行動を想定しているはずの重要影響事態安全確保法には、安全配慮義務が明記されていないのである。

これは、それこそ「有事」と同等の行動を想定しているから、武力行使と「一体化」をしてしまうから、安全配慮義務を明記できなかったのではないかという疑念を抱かざるをえないが、政府は、安全かつ円滑に活動できる「実施区域」を指定して安全を図るという。

しかし、これは、法的には、指定された「実施区域」が安全かどうかという点についてのみ配慮する義務を負うことしか意味せず、自衛隊(及び自衛隊員)そのものの一般的行動(装備・編成等)についての安全を配慮する義務は負っていないこととなる。この点が、まず、答弁と法規で明確に齟齬がある。

さらに大問題なのが、本法制では存立危機事態＝有事においても後方支援をする場合があるとされていることだ(米軍等行動関連措置法)。もちろん有事の場合であるから、安全配慮義務規定などあろうはずがない。ところが安倍首相は、この場合も含めたすべての場合に安全配慮義務を貫徹したと言い、中谷防衛大臣も、有事における後方支援でも安全配慮義務を負うと答弁している(八月四日答弁)。これは明らかな虚偽答弁である。

八月末の委員会で、この問題について民主党福山哲郎議員が質問した際に審議が止まってしまったのも、「有事においても安全配慮義務を負う」など完全な虚偽だからで、虚偽を認める以外は、答弁不能なのである。ところがこれについても、〝委員長預かり〟として委員会は進み、九月一一日の委員会で回答がなされたが、虚偽を認めることなく、まったく同様の答弁を繰り返し、問題未解決のまま事実上の「放置」である。

有事を想定している状態で安全配慮義務を負いながら戦闘行為を行うとすれば、法的には防衛大臣の安全配慮義務違反が頻発することとなる。防衛大臣は、法廷に立つ覚悟をもって答弁したのであろうか。

## 限定的集団的自衛権の〝使えなさ〟

昨年の閣議決定および本法案で政府が行使容認した集団的自衛権は「限定的集団的自衛権」である。これは、いわゆる国際法上の集団的自衛権とは違い、日本と密接な関係にある他国への攻撃を自衛権行使の端緒にするものの、武力行使発動のためには、日本の「存立危機事態」を根拠にする。

政府が〝自衛のための他衛〟などと言っていたのはこのことで、本来、集団的自衛権の本質は他国防衛であるはずだが、日本は、自国の状態を基準に「集団的自衛権」と呼ばれる自衛権を行使する、ということだ。

これを実践すると、存立危機事態を認定し、存立危機事態防衛出動していた場合、自国の存立危機事態を脱しさえすれば、たとえ他国間の戦争が終わっていなくても、日本はそれ以上の自衛権行使は認められないため、引き返すこととなる。

しかし、そもそも他国防衛に完全に協力することで初めて「集団的自衛権行使による抑止力」が期待できるのであって、「限定的」かつ自国状態を行使基準に措定するのでは、そのような効果は期待できない。政府による「集団的自衛権による抑止力の向上」という説明もまた、ウソなのである。

さらに、今国会で、政府は、集団的自衛権の行使の要件として、ニカラグア事件判決にはない「同意又は要請」を要件とした。これも法文等には明記はなく、答弁だけによるものだが、この「同意又は要請」というのは、限定的集団的自衛権をさらに〝限定的〟に、いや、〝使えなく〟しているのである。答弁を示そう。

・平成二七(二〇一五)年七月一四日21号　衆議院　我が国及び国際社会の平和安全法制に関する特別委員会

○岸田文雄国務大臣　まず、国際法上、集団的自衛権の行使に当たっては、武力攻撃を受けた国からの要請または同意があるということ、これは当然の前提だと思います。そして、これはあえて法律の上に規定する必要はないと我々は考えております。昨年七月の閣議決定にも明記されておりますように、我が国は武力の行使を行うに当たっては国際法を遵守する、これは当然のことであるという考えに立っているからであります。……そして、ニカラグア判決についてですが、ニカラグア判決は他国防衛説の考えに近いという説明をされる方がおられることは承知をしております。ただ、ニカラグア判決にしましても、伝統的な他国防衛説というのは、要請または同意、これを要件とは明確にしてこなかった、こういったこともありますので、完全に他国防衛説と一致しているとまでは言い切れないのではないかと考えております。

これにより、たとえば朝鮮半島有事において、明らかに日本が存立危機事態に陥っているときも、韓国からの「同意と要請」がない限り、存立危機事態防衛出動できないことになってしまう。安倍政権は、集団的自衛権行使により、我が国の国民の生命と安全を守り、国際平和に貢献すると高らかに謳っている。しかし、これまで見たとおり、「同意又は要請」が必要な限定的集団的自衛権では、我が国防衛も、世界平和への貢献も画である。

以上で描かれた我が国安全保障をまとめよう。

- 日本は、安保法制成立前までは可能であった、日本を攻撃してくる国の戦闘機に補給する後方支援国に対して個別的自衛権の行使をできず、補給路を断てないため、攻撃をされ続け、究極的には自国を守れない。今国会で個別的自衛権の範囲がきわめて限定されてしまった。
- わずかに行使できる個別的自衛権も、防衛大臣は安全配慮義務を負うという手足を縛られた状態で行使をする。
- また、「同意又は要請」を要求する限定的集団的自衛権は、〝存立危機事態〟という自国の状態を基準に発動するため、他国防衛には終局的には協力できず「集団的自衛権の行使による抑止力の向上」という命題の前提を欠く。
- 一方で自国が存立危機事態に陥っていても、「同意又は要請」がなければ自衛権は発動できない。

これらの一体どこが、日本の安全保障体制を向上させたのであろうか。むしろ、明らかに日本の防衛を後退させている。法案自体も欠陥だらけだが、現政権の安全保障政策を「必要」と述べる人々は、果たしてこの答弁を踏まえた現政権の安全保障政策を本当に理解しているのだろうか。

何度でも強調したい。これら「我が国防衛」のためにできたことは、今国会でできなくなったのだ。本法制により、現政権によって、できなくされたのである。

## 我が国防衛を大切に思う人へ

まさに砂煙が舞うような「疾風怒濤」の狂騒の中で、法案は可決されたが、その砂煙が静かに地面に沈下するとき、その戦いの後に何が残ったのかが可視化される。

今回の法案の内容もさることながら、政府の答弁によって明らかにされた、今後の軍事権の運用は、我が国の防衛を真に大切であると考えている人こそ怒らねばならないものである。にもかかわらず、「安全保障環境の変化」や、「必要性」のアイマスクを纏い、自らを論理的・思想的盲目状態に陥れ、思考停止していることを、自らに問い、自らを恥じてほしい。政府与党が述べている安全保障政策は、本法制では実現できないし、加えて、政府の破綻した答弁によって、自国防衛にとっても危機的状況を生み出してしまったことに、真の危機感を持ち、声を上げねばならない。

ちなみに、私は日米同盟を重要と考え、我が国の防衛を本当に大切だと考えているので、これを破壊する本法制と現政権には強く反対している。私と同じ信念を持ちながらも、「戦争法案反対」には乗れなかった向きもあろうが、そんな方々もかかる観点からの本法制反対に「この指とまれ！」である。

# 参議院特別委員会公聴会　公述　二〇一五年九月一五日

奥田愛基
（SEALDs）

ご紹介に預かりました、大学生の奥田愛基といいます。『SEALDs』という学生団体で活動しております。

すみません、こんなことを言うのは非常に申し訳ないのですが、先ほどから寝ている方がたくさんおられるので、もしよろしければお話を聞いていただければと思います。僕も二日間くらい緊張して寝られなかったので、僕も帰って早く寝たいと思っているので、よろしくお願いします。

初めに『SEALDs』とは、“Students Emergency Action for Liberal Democracy-s”。日本語で言うと、自由と民主主義のための学生緊急行動です。

私たちは特定の支持政党を持っていません。無党派の集まりで、保守、革新、改憲、護憲の垣根を超えて繋がっています。最初はたった数十人で立憲主義の危機や民主主義の問題を真剣に考え、五月に活動を開始しました。

その後、デモや勉強会、街宣活動などの行動を通じて、私たちが考える国のあるべき姿や未来について、日本社会に問いかけてきたつもりです。

こうした活動を通して、今日、貴重な機会をいただきました。今日、私が話したいことは三つあります。一つは、今、全国各地でどのようなことが起こっているか。人々がこの安保法制に対してどのように声を上げているか。

二つ目はこの安保法制に関して現在の国会はまともな議論の運営をしているとは言いがたく、あまりにも説明不足だということです。端的に言って、このままでは私たちはこの法案に関して、到底納得することができません。

三つ目は政治家の方々への、私からのお願いです。

まず第一にお伝えしたいのは、私たち国民が感じている、安保法制に関する大きな危機感です。この安保法制に対する疑問や反対の声は、現在でも日本中で止みません。つい先日も国会前では一〇万人を超える人が、集まりました。

しかし、この行動は何も東京の、しかも国会前だけで行われているわけではありません。

私たちが独自にインターネットや新聞などで調査した結果、日本全国二〇〇〇か所以上、数千回を超える抗議が行われています。累計して一三〇万人以上の人が路上に出て声を上げています。

この私たちが調査したものや、メディアに流れているもの以外にも、たくさんの集会があの町でもこの町でも行われています。まさに、全国各地で声が上がり、人々が立ち上がっているのです。

また、声を上げずとも、疑問に思っている人はその数十倍もいるでしょう。

強調しておきたいことがあります。それは、私たちを含め、これまで、政治的無関心と言われてきた若い世代が動き始めているということです。これは誰かに言われたからとか、どこかの政治団体に所属しているからとか、いわゆる動員的な発想ではありません。

私たちはこの国のありかたについて、この国の未来について、主体的に一人ひとり、個人として考え、立ち上がっているのです。

SEALDsとして活動を始めてから、誹謗中傷に近いものを含む、さまざまな批判の言葉を投げかけられました。

たとえば「騒ぎたいだけだ」とか、「若気の至り」だとか、そういった声があります。他にも「一般市民のくせにして、何を一生懸命になっているのか」というものもあります。つまり、「お前は専門家でもなく学生なのに、もしくは主婦なのに、お前はサラリーマンなのに、フリーターなのに、なぜ声を上げるのか」ということです。

しかし、先ほどもご説明させていただきましたように、私たちは一人一人、個人として声をあげています。不断の努力なくして、この国の憲法や民主主義、それらが機能しないことを自覚しているからです。

「政治のことは選挙で選ばれた政治家に任せておけばいい」。この国にはどこか、そういう空気感があったように思います。

それに対し私、私たちこそがこの国の当事者、つまり主権者であること、私たちが政治について考え、声を上げることはあたりまえなんだということ、そう考えています。

そのあたりまえのことをあたりまえにするために、これまでも声を上げてきました。そして二〇一五年九月現在、今やデモなんてものは珍しいものではありません。路上に出た人々がこの社会の空気を変えていったのです。

デモや至るところで行われた集会こそが「不断の努力」です。そうした行動の積み重ねが基本的人権の尊重、平和主義、国民主権といった、この国の憲法の理念を体現するものだと私は信じています。

私は、私たち一人ひとりが思考し、何が正しいのかを判断し、声を上げることは、まちがっていないと確信しています。また、それこそが民主主義だと考えています。

安保法制に賛成している議員の方々も含め、戦争を好んでしたい人など誰もいないはずです。私は先日、予科練で特攻隊の通信兵だった方と会ってきました。七〇年前の夏、あの終戦の日、二〇歳だった方々は、今では九〇歳です。ちょうど今の私やＳＥＡＬＤｓのメンバーの年齢で戦争を経験し、そして、その後の混乱を生きてきた方々です。

そうした世代の方々も、この安保法制に対し、強い危惧を抱かれています。私はその声をしっかりと受け止めたいと思います。そして議員の方々も、どうかそうした危惧や不安をしっかり受け止めてほしいと思います。

今、これだけ不安や反対の声が広がり、説明不足が叫ばれる中での採決は、そうした思いを軽んじるものではないでしょうか。七〇年の不戦の誓いを裏切るものではないでしょうか。

今の反対のうねりは、世代を超えたものです。七〇年間、この国の平和主義の歩みを、先の大戦で犠牲になった方々の思いを引き継ぎ、守りたい。その思いが私たちを繋げています。私は今日、そのうちのたった一人として、ここで話をしています。つまり、国会前の巨大な群像の中の一人として、国会にきています。

第二に、この法案の審議に関してです。

各世論調査の平均値を見たとき、初めから過半数近い人々は反対していました。そして、月を追うごと、反対世論は拡大しています。「理解してもらうためにきちんと説明していく」と現政府の方はおっしゃっていました。

しかし説明した結果、内閣支持率は落ち、反対世論は盛り上がり、この法案への賛成の意見は減りました。

選挙の時に集団的自衛権に関してすでに説明した、とおっしゃる方々もいます。

しかしながら自民党が出している重要政策集では、アベノミクスに関しては二六ページ中八ページ近く説明されていましたが、それに対して、安全保障関連法案に関してはたった数行でしか書かれていません。

昨年の選挙でも、菅官房長官は『集団的自衛権は争点ではない』と言っています。さらに言えば、選挙の時に国民投票もせず、解釈で改憲するような違憲で法的安定性もない、そして国会の答弁をきちんとできないような法案を作るなど、私たちは聞かされていません。

私には、政府は法的安定性の説明をすることを途中から放棄してしまったようにも思えます。憲法とは国民の権利であり、それを無視することは国民を無視するのと同義です。

また、本当に与党の方々は、この法律が通ったらどんなことが起こるのか、理解しているのでしょうか、想定しているのでしょうか。先日言っていた答弁とはまったく違う説明を翌日に平然とし、野党からの質問に対しても国会の審議は何度も何度も速記が止まるような状況です。

このような状況で一体、どうやって国民は納得したらいいのでしょうか。

ＳＥＡＬＤｓは確かに注目を集めていますが、現在の安保法制に対して、その国民的な世論を私たちが作り出したのではありません。もし、そう考えていられるのでしたら、それは残念ながら過大評価だと思います。

私の考えでは、この状況を作っているのは紛れもなく、現在の与党のみなさんです。つまり、安保法制に関する国会答弁を見て、首相のテレビでの理解し難い例え話を見て、不安を感じた人が国会前に足を運び、また、全国各地で声を上げ始めたのです。

ある金沢の主婦の方がフェイスブックに書いた国会答弁の文字起こしは、瞬く間に一万人もの人にシェアされました。ただの国会答弁です。普段なら見ないようなその書き起こしを、みんなが読みたがりました。

なぜなら、不安だったからです。

今年の夏までに武力行使の拡大や集団的自衛権の行使の容認を、なぜしなければならなかったのか。それは、人の生き死にに関わる法案でこれまで七〇年間、日本が行ってこなかったことでもあります。

一体なぜ、一一個の法案を二つにまとめて審議したか、その理由もよくわかりません。一つひとつ審議してはだめだったのでしょうか。まったく納得が行きません。結局、説明をした結果、しかも国会の審議としては異例の九月末まで延ばした結果、国民の理解を得られなかったのですから、もう、この議論の結論は出ています。

今国会での可決は無理です。廃案にするしかありません。

私は毎週、国会前に立ち、この安保法制に対して抗議活動を行ってきました。そして沢山の人々に出会ってきました。その中には自分のおじいちゃんやおばあちゃん世代の人や、親世代の人、そして最近では自分の妹や弟のような人たちもいます。

確かに若者は政治的に無関心だといわれています。しかしながら、現在の政治状況に対して、どうやって彼らが希望を持つことができるというのでしょうか。関心が持てるというのでしょうか。

私や彼らがこれから生きていく世界は、相対的貧困が五人に一人といわれる、超格差社会です。親の世代のような経済成長も、これからは期待できないでしょう。今こそ、政治の力が必要なのです。

どうかこれ以上、政治に対して絶望をしてしまうような仕方で議会を運営するのはやめてください。

何も賛成からすべて反対に回れと言うのではありません。私たちも安全保障上の議論は非常に大切なことを理解しています。その点について異論はありません。しかし、指摘されたこともまともに答えることができないその態度に、強い不信感を抱いているのです。

政治生命をかけた争いだとおっしゃいますが、政治生命と国民一人ひとりの生命を比べてはなりません。与野党の皆さん、どうか若者に希望を与える政治家でいてください。国民の声に耳を傾けてください。まさに、「義を見てせざるは勇なきなり」です。

政治のことをまともに考えることがばからしいことだと思わせないでください。現在の国会の状況を冷静に把握し、今国会での成立を断念することはできないのでしょうか。

世論の過半数を超える意見は、明確にこの法案に対し、今国会中の成立に反対しているのです。自由と民主主義のためにこの国の未来のために、どうかもう一度考え直してはいただけないでしょうか。

私は単なる学生であり、政治家の先生方に比べ、このようなところで話すような立派な人間ではありません。もっと言えば、この場でスピーチすることも、昨日から寝られないくらい緊張してきました。政治家の先生方は毎回このようなプレッシャーに立ち向かっているのだと思うと、本当に頭が下がる思いです。

一票一票から国民の思いを受け、それを代表し、この国会という場所で毎回答弁をし、最後には投票により法案を審議する。本当に本当に、大事なことであり、誰にでもできることではありません。それはあなたたちにしかできないことなのです。

では、なぜ私はここで話しているのか。どうしても勇気をふり絞り、ここに来なくてはならないと思ったのか。それには理由があります。

参考人としてここにきてもいい人材なのかわかりませんが、参考にしてほしいことがあります。

ひとつ、仮にこの法案が強行に採決されるようなことがあれば、全国各地でこれまで以上に声が上がるでしょう。連日、国会前は人で溢れかえるでしょう。次の選挙にも、もちろん影響を与えるでしょう。

当然、この法案に関する野党の方々の態度も見ています。本当にできることはすべてやったのでしょうか。私たちは決して、今の政治家の方の発言や態度を忘れません。「三連休を挟めば忘れる」だなんて、国民をばかにしないでください。むしろ、そこからまた始まっていくのです。新しい時代はもう始まっています。もう止まらない。すでに私たちの日常の一部になっているのです。

私たちは学び、働き、食べて、寝て、そしてまた路上で声を上げます。できる範囲で、できることを、日常の中で。

私にとって政治のことを考えるのは仕事ではありません。この国に生きる個人としての不断の、そしてあたりまえの努力です。私は困難なこの四か月の中でそのことを実感することができました。それが私にとっての希望です。

最後に、私からのお願いです。ＳＥＡＬＤｓの一員ではなく、個人としての、一人の人間としてのお願いです。

どうか、どうか政治家の先生たちも、個人でいてください。政治家である前に、派閥に属する前に、グループに属する前に、たった一人の「個」であってください。自分の信じる正しさに向かい、勇気を持って孤独に思考し、判断し、行動してください。

みなさんには一人ひとり考える力があります。権利があります。政治家になった動機は人それぞれ様々あるでしょうが、どうか、政治家とはどうあるべきなのかを考え、この国の民の意見を聞いてください。

勇気を振り絞り、ある種、賭けかもしれない、あなたにしかできないその尊い行動を取ってください。日本国憲法はそれを保障し、何より日本国に生きる民、一人ひとり、そして私はそのことを支持します。

困難な時代にこそ希望があることを信じて、私は自由で民主的な社会を望み、この安全保障関連法案に反対します。

二〇一五年九月一五日、奥田愛基。ありがとうございました。

# 参議院特別委員会公聴会　公述　二〇一五年九月一五日

濱田邦夫
（弁護士・元最高裁判所判事）

## 自由で平和な社会を残すために

弁護士で元最高裁判所裁判官の濱田邦夫でございます。

私は、今、坂元公述人が言われた立場と反対の立場を取るものです。その理由についてこれから申し上げます。

まず、私の生い立ちというか、ちょっとご紹介したいんですが、七〇年前、私は九歳の少年でした。静岡市におりまして、戦災、戦争の惨禍というか、その状況をある程度経験しておりますし、それと駐留軍が、占領軍が、米軍が進駐をしてきて、その米軍のふるまいというか、それも見ております。また、いわゆる戦後民主主義教育の言わば第一陣の世代ということでございます。

その後、日本は戦争をしないということで経済的に非常に成長を遂げ、その間、私自身は弁護士として、主として海外のビジネスに携わって国際経験というものを積んでおります。最高裁では、私のような経歴の者が最高裁に入るのはちょっと異例ではございましたけれども、それなりにいろいろ貴重な経験をさせていただきました。

今回、こちらの公聴会で意見を述べさせていただくバックグラウンドというものを一応紹介させていただきました。

安倍総理大臣がこの特別委員会で申されていることは、我が国を取り巻く安全保障環境が著しく変わっていると、そのために日米の緊密な協力が不可欠だということをおっしゃっています。そのこと自体についてはいろいろ考え方があり得るので、戦後、昭和四七年に政府見解というのが出ておりますけれども、その当時は日中国交回復、沖縄返還に続いて日中国交が回復したというような状況で、冷戦体制というものがありましたので、その状況と比較してもう全然違うという認識がよろしいのかどうか疑問があるところだと思います。

それから、その次に安倍総理がおっしゃっていることは、いまの子供たちや未来の子供たちへと戦争のない平和な社会を築いていくことは政府の最も重要な責務だと、平和安全法制は憲法第九条の範囲内で国民の命と平和な暮らしを守り抜くために不可欠な法制である、とおっしゃっているのですが、趣旨はまったく賛成でございます。

私も四人孫がおりまして、今日ここにいるというのも、この四人の孫のみならず、その世代に自由で平和な豊かな社会を残したいという思いからでございますが、憲法九条の範囲内ではないんじゃないかというのが私の意見でございます。

その根拠としては、一つ挙げられることは、我が国の最高裁判所というところは、成立した法律について違憲であるという判断をした事例が非常に少ないと。ドイツとかアメリカは割合頻繁に裁判所が憲法判断をしておるわけですけれども、日本はしていないということを、海外に行きますとよく聞かれます。その理由は、日本の最高裁判所は、アメリカの最高裁判所と同じように具体的な事例に基づいての憲法判断ということで、抽象的に法令の合憲性を判断する、いわゆる憲法裁判所とは違うということにあります。

## いまはなき内閣法制局による合憲性の審査

なぜ日本では裁判所に、司法部に憲法判断が持ち込まれないかというと、これは、今はなきというとちょっと大げさですけれども、内閣法制局というところが六〇年にわたって非常に綿密に政府提案の合憲性を審査してきたと。この歴史があったがゆえに、裁判所の方はそういう判断をしないでもすんだということがございます。

今回の法制については、聞くところによると、この伝統ある内閣法制局の合憲性のチェックというものがほとんどなされていないというふうに伺っておりますが、これは、将来、司法判断にいろいろな法案が任されるというような事態にもなるのではないかという感じがします。

それと、今の坂元公述人のお話を聞いていますと、だいじょうぶだ、これで最高裁は違憲の判断をするわけないとおっしゃっていますが、私がここに出てきた一つの理由は元最高裁判所裁判官ということですけれども、これは、裁判官、私も五年間やりましたが、そのルールというか規範として、やはり現役の裁判所裁判官たちに影響を及ぼすようなことは、ＯＢとしてはやるべきではないということでございます。

私がこの問題について公に発言するようになったのはごく最近でございます。それは、非常に危機感がございまして、そういう裁判官を経験した者の自律性ということだけではすまない、つまり日本の民主社会の基盤が崩れていくと、言論の自由とか報道の自由、いろいろな意味で、それから学問の自由、これは、大学人がこれだけ立ち上がって反対をしているということは、日本の知的活動についての重大な脅威だというふうにお考えになっているということがございます。

## 法解釈の安定性を揺るがす

それで、本来は憲法九条の改正手続を経るべきものを内閣の閣議決定で急に変えるということは、法解釈の安定性という意味において非常に問題がある。つまり、対外的に見ても、なぜ日本の憲法解釈が安定してきたかということは、今言ったように、司法判断がありますが、それを非常にサポートするというか、内閣の法制局の活動というものがあったわけですけれども、これが一内閣の判断で変えられるということであれば、失礼ながら、この内閣が替わればまた元に戻せるよということにもなるわけです。その点は、結局は国民の審判ということになると思います。

法理論の問題としては、砂川判決とそれから昭和四七年の政府見解というのがございますが、砂川判決については、ご承知のように、元最高裁判所長官の山口繁さんが非常に明快に述べておりまして、それと、私自身もアメリカ、ハーバード・ロースクールで勉強した身として、英米法の論理のレイシオ・デシデンダイという、つまり拘束力ある判決の理由と、それからオビタ・ディクタムという、つまり傍論、そういうことは、日本に直接は適用がなくても、基本的には日本の最高裁判所の判決についても適用されると思っておりまして、砂川判決の具体的事案としては、駐留軍、米国の軍隊の存在が憲法に違反するかということが中心的な事案でございまして、その理由として、自衛権というものはあるという抽象的な判断、それから統治権理論ということで、軽々に司法部が立法府の判断を覆すということは許されないということが述べられておりますけれども、個別的であろうが集団的であろうが、そういう自衛隊そのもの、元は警察予備隊と言っていた、そういう存在について争われた事案ではない、という意味において、これを理由とするということは非常に問題があるということでございます。

それから、昭和四七年の政府見解につきましては、お手元に、重複になるとは思いましたけれども、お配りした資料というのがございますが、それを見ますと、カラーコピーで赤い判こが出ていますけれども、この関与した吉國長官とか真田次長、総務主幹、それから参事官、そういった方々が国会でも証言しているように、このときには、海外派兵というか、そういった集団的自衛権というものそのものは政府としては認められないと。それと、内閣法制局なりその長官の意見というのはあくまで内閣を助けるための判断でございまして、そのアドバイスに基づいて歴代の内閣が、総理大臣が決定した解釈でございます。

それで、今回私も初めて目にした資料が、そのとき防衛庁というところが「自衛行動の範囲について」という見解をまとめて、それを法制局の意見を求めたということでございまして、手書きのところには防衛庁とありますが、ワープロに打ち直したところは防衛庁という記載がございませんけど、いずれにせよ、これは防衛庁のものとして認められて、そのとき国会にも出されております。

## 楽観論には根拠がない

この四七年の政府見解なるものの作成経過およびその後の、その当時の国会での答弁等を考えますと、政府としては、明らかに外国による武力攻撃というものの対象は我が国であると。これは日本語の読み方として、普通の知的レベルの人ならば問題なく、それは最後の方を読めば、「したがって」というその第三段でそこははっきりしているわけで、それを強引に外国の武力攻撃というのが日本に対するものに限られないんだというふうに読替えをするというのは、非常にこれは、何といいますか、法匪《ほうひ》という言葉がございますが、つまり、法律、字義を操って法律そのもの、法文そのものの意図するところとはかけ離れたことを主張する、これは悪しき例であると、こういうことでございまして、とても法律専門家の検証に堪えられないと。

私なり山口元長官が言っていることは、これは常識的なことを言っているまでで、現裁判官、現裁判所に影響を及ぼそうということじゃなくて、普通の一国民、一市民として、また法律を勉強した者として当然のことを言っているまででございますので、私は、坂元公述人のように、最高裁では絶対違憲の判決が出ないというふうな楽観論は根拠がないのではないかと思っております。

それで、時間が限られておりますのでそろそろやめなければなりませんが……(発言する者あり）大丈夫ですか。

このメリットとデメリットのところで、抑止力が強化されてということですけれども、ご承知のように、韓国、北朝鮮、中国その他、日本の武力強化等については非常に懸念を示しております。そういう近隣諸国の日本叩きというか、根拠がない面がかなりあるとは思いますが、それは国内的な事情からそれぞれ出てきている面が非常に強いわけですから、それに乗っかってこちらがこういう海外派兵、戦力強化というか、こういう形をしますと、それを口実にして、それらの近隣諸国たちが自分たちの国内政治の関係で対外脅威を口実として、更にそういった挑発行動なり武力強化をすると。

つまり、悪循環になるわけで、これは今の中東で問題になっておりますところのイスラミックステートに米国始め有志国が束になって爆撃をしてもすぐに収まらないということを見てもわかるように、このようなものは戦力で解決するものではなくて、日本は、この戦後七〇年の中で培った平和国家としての技術力とか経済力とか、それから物事の調整能力ですね、これはつまり戦力によらない形で世界の平和、世界の経済に貢献していくと。この基本的なスタンスを守る方がよほど重要なことでございまして、今回の法制が通った場合には非常に、在外で活動している、人道・平和目的のために活動している人のみならず、一般の企業も、非常にこれはマイナスの影響を受けるということで、決してプラスマイナスをした場合に、得になることはないというふうに思います。

## ポリティシャンとステーツマン

それで、英語では政治家のことをポリティシャンとステーツマンという二つの言い方がございまして、ご承知のように、ポリティシャンというのは、目の前にある自分や関係ある人の利益を優先すると。ステーツマンというのは、やはり国家百年の計という、自分の子供、孫子の代の社会のあり方というものを心して政治を行うと。どうか、みなさま、そういうスタンスからステーツマンとしての判断をしていただきたいと思います。

国際的には、今度の法制についても、その論理的整合性とかそういうことが問題にされ得るわけですから、まして、日本人の中でまだ全体が納得していないような状況で採決を強行するということは、日本という国の国際的信用の面からも問題があるのではないかと。

私は、政治家のみなさまには、知性と品性とそして理性を尊重していただきたいし、少なくともそれがあるような見せかけだけでもこれはやっていただきたいと。それは、みなさまを選んだ国民の方にも同じことだと思います。

そういうことで、ぜひこの法案については慎重審議されて、悔いを末代に残すことがないようにしていただきたいと思います。

ありがとうございました。

# 参議院特別委員会公聴会　公述　二〇一五年九月一六日

水上貴央
（弁護士）

## 公聴会は採決のためのセレモニーか

弁護士の水上貴央でございます。よろしくお願いいたします。

さて、公聴会とは、国会法第五一条に法定された正式な会であり、特に重要な法案については、重要な利害関係者や学識経験者等の意見を聴いて、慎重かつ充実した審議を実現するためにあるものと理解しています。私も昨日、中央公聴会を拝見させていただきましたが、元最高裁判事の濱田先生がまさにこの法案を明確に違憲と断じ、さらに今後、裁判手続において違憲無効判決が出ることについても示唆されるなど、きわめて重要な意見を述べられたと考えています。奥田公述人のすばらしいスピーチに心動かされた方も多かったのではないかと思います。

まさに多くの参酌すべき公述がなされ、集中審議を含め、最後まで審議を尽くすべきこのタイミングで、その後の理事会において、本日、この後、さらに審議をされ、取りまとめ、終局という審議日程が強行されました。

私は一介の弁護士にすぎませんが、それでも、業務の予定を変更し、この場に来ています。本日臨席されている公述人の方々も、あるいは昨日来られた六人の公述人の方々もそれぞれ大変忙しい方ばかりです。そういった人たちが日常の仕事を調整してまで公聴会に参加しているのは、一人一人の国民が民主主義の一端を担っているという自覚からです。公聴会で公述することがより実のある審議に資すると考えるから参加しているのです。

私は、昨日の中央公聴会を拝見し、この国の民主主義に希望を持ち、一方、その後の理事会の経緯を見て、この国の民主主義に絶望しつつあります。公聴会が採決のための単なるセレモニーにすぎず、茶番であるならば、私はあえて申し上げるべき意見を持ち合わせておりません。

委員長、公述の前提としてお伺いしたいのですが、この横浜地方公聴会は慎重で十分な審議を取るための会ですか、それとも採決のための単なるセレモニーですか。

**団長**(鴻池祥肇)　この件につきましては、各政党の理事間協議において本日の横浜の地方公聴会が決まったわけです。その前段、その後段についてはいまだに協議がととのっておりません。

ぜひとも、公聴会を開いたかいがあったと言えるだけの、十分かつ慎重な審議をお願いしたいと思います。

それでは、意見を申し上げたいと思いますが、既に大分持ち時間が過ぎてしまいました。私、資料四に本当は今日申し上げたかった原稿をお示ししてありますので、ぜひそちらをごらんいただきたいと思います。ここでは、特に重要な点に絞って、時間の限りお話ししたいというふうに思います。

## むしろ自国防衛が犠牲になる

まず、後方支援に関する問題についてお話しします。

この法案は、重要影響事態における後方支援として、世界中の戦闘地域に隣接するものも含めた現に戦闘が行われている現場以外において、発艦準備中の戦闘機に弾薬の補給等まで行えるというようにしています。この行為が武力行使に密接な準備行為であり、武力行使との一体化として憲法第九条に反するのではないかというのがここでは問題になっています。これを考えるに当たっては、逆に日本が攻撃されている場面を考えてみることが重要です。

資料一の五ページおよび六ページを御覧ください。

まず、五ページは、我が国に対してA国が攻撃をしてきている場合、具体的には、我が国に対してA国の航空機、爆撃機がミサイルで攻撃をしてきて、ミサイルを撃ち終わった航空機が再び我が国の領海のすぐ外の公海で補給艦で補給を受けるという場面です。これは、A国が爆撃機で攻撃してきて、A国の補給船がそこに弾薬を補給するという場面ですから、政府の説明でも、当然に個別的自衛権を行使できる場面だというふうに説明がされています。

次のページ、六ページをごらんいただきますと、このA国が行った補給艦の部分をB国が行ったらどうなるかという事例になります。これについては、国際法上の常識から考えれば、当然にB国に対しても、少なくともこの事例、爆撃機に対して弾薬を補給して、直ちにその爆撃機が再び日本に攻撃しに来るという事例においては、B国の補給艦に対して個別的自衛権が行使できるはずです。

というのは、このような武力攻撃とまさに密接不可分な行為を行う行為は、もはや中立国の行為とは認められず、この国、B国自体が交戦国となってしまいますから、国際法上はB国の補給艦は軍事目標になります。したがって、当然に個別的自衛権が行使できるはずです。逆に言うと、これができないということになると、日本はずっと攻撃され続けてしまうということになります。我が国の安全保障がきわめて深刻な影響を与えられるということになります。

ところが、今回政府は、このような場合のB国に対して、反撃できない、自衛権行使できないという答弁をされました。これはどういうことかというと、その次のページを見ていただきますと、今度は、このB国の立場が日本になった場合どうなるかという話です。

つまり、たとえばアメリカがA国の立場になり、その補給をする国が日本になった場合に、日本はその当該アメリカから攻撃を受けている他国から個別的自衛権を行使されますかというときに、個別的自衛権が行使されるということになると、個別的自衛権の行使の対象は武力攻撃ですから、日本がやっているのはアメリカと一体化した武力の行使だということになってしまいますので、日本は、この行為を武力の行使と一体化していないと説明をするためには、B国に対しても反撃できないというふうに言わざるを得ないという状態になったんです。

これは明らかに、全世界でアメリカの武力攻撃を支援するために我が国の自国防衛を犠牲にしたということです。むしろ、我が国の安全保障が重要だと考えるんだとすれば、このような法律を作ってはいけないのです。

一方で、そのことに対して追及された政府は、その後の答弁において、このような場合においてもやはり個別的自衛権が行使できる場合がある、B国に対してという答弁をしました。答弁を変えました。このように答弁を変えるということ自体が問題ですが、今度は、もしここにB国に対する個別的自衛権が行使できるとすれば、やはりこのB国の立場に日本がなった場合に、これは武力行使と一体化しているではないかという問題が生じます。つまり違憲なのです。どういうことかと申しますと、この法案は、実態において違憲な、武力行使ときわめて密接な準備行為を行い、それを隠し立てするために我が国の個別的自衛権を犠牲にしている法案なのです。政府・与党が本当に日本の安全保障環境を重視し、我が国を守ろうと思うのであれば、どうしてこのような違憲で、かつそれを隠すために自国防衛を犠牲にするような法律を作るのでしょうか。この法案はどこを向いて作られているのでしょうか。これがまず一つ重大な問題です。

## しわ寄せを受けるのは自衛官

もう一つ大変重要な問題が、自衛官による武器使用という問題です。

資料一でいうと、九ページを御覧ください。

本法案では、他国の武器等を守るために自衛官が武器を使用して守れるという条文、これは自衛隊法九五条の二という条文にございます。この条文の主語は自衛官です。自衛隊ではない、国でもない、自衛官です。そして、この守ることができる対象になっている武器等には艦船や航空機が含まれています。イージス艦が守れるということになります。つまり、どういうことかというと、自衛官個人がアメリカのイージス艦を、武器を使って守るというとんでもない規定になっています。

このように明らかに不合理な条文になっているのは、この行為をもしも我が国自身がやっている、組織的にやっているということになれば、これは明確に武力の行使だからです。武力の行使だと言われないためには、自衛官個人がやったということにしなければならないのです。しかし、条文に自衛官と書いたからといって、この行為の本質が変わるでしょうか。実際には、明らかに武力の行使です。

さらに申し上げますと、この場合には新三要件の縛りはありません。存立危機事態も認定されません。つまり、これは完全にフルスペックの集団的自衛権です。つまり、政府はこの条文においてフルスペックの集団的自衛権を認めてしまっています。限定されてもいません。以上により、この条文は明確な違憲条文であり、自衛隊法九五条の二は必ず削除しなければなりません。

ちなみに申し上げますが、共産党等が提出された自衛隊の資料によると、この九五条の二は使う気満々です。

さらに、このような不合理な規定を取ったことによっていちばんしわ寄せを受けるのは、何と自衛官です。どういうことかと申しますと、この条文の主語は自衛官ですから、もしも万が一、他国が自国の民間船を盾にして攻撃してきたときに、それを自衛官が守って、それが正当防衛や緊急避難を成立させない場合には自衛官個人が責任を取ることになります。我が国の刑法、あるいは当該攻撃をしてしまった国の国内法で罰せられる可能性があります。

自衛官は、一方で、自衛隊法一二二条の二という条文で、上官の命令に従わなければ罰則が加えられます。自衛官は、上官の命令に従ってやむを得ず武器を使用した結果、正当防衛や緊急避難が成立しなければ罰せられる可能性があります。これは、自衛隊、自衛官のみなさんに胸が張れますか。我が国を守ってくれている自衛官のみなさんに胸が張れますか。

このように、この法案は違憲の問題を抱えているだけではなくて、法律自体が欠陥法案であり、また、きわめて不当な結論を導くような不当法案です。したがって、まずは、政府は改めるべきところは改め、しっかりと合憲の枠組みをつくることができるのかということを模索するべきです。

## 国会の存在意義とは

国会は立法をするところです。政府に白紙委任を与える場所ではありません。ここまで重要な問題が審議において明確になり、今の法案が政府自身の説明とも重大な乖離がある状態でこの法案を通してしまう場合は、もはや国会に存在意義などありません。これは、単なる多数決主義であって民主主義ではありません。

参議院がその良識を放棄したと国民に判断されないためには、今まさにしっかりとした審議を尽くすべきです。六〇日ルールを使われたら参議院の存在意義がなくなるなどと言う方がいますが、参議院がその良識を放棄してしまったら、それこそ参議院の存在意義など国民は決して認めません。

今こそ参議院の議員の先生方の良識に期待し、我々はそれを注視していることを申し上げ、私の意見とさせていただきます。

ありがとうございました。

# 参議院特別委員会公聴会　公述　二〇一五年九月一六日

広渡清吾
（専修大学教授・東京大学名誉教授）

## 「積極的平和主義」は平和主義とは正反対

広渡でございます。意見を述べさせていただきます。

私は、安全保障関連法案に反対する学者の会の発起人の一人であり、国民の反対運動がどのように広がっているかの例として、まずこの会について簡単にご紹介します。

学者の会は、この六月一五日に六一名の呼びかけ人によって最初の記者会見を行い、法案反対アピールを採択して、賛同を呼びかけました。現在、学者の賛同者は一万三九八八名となっています。お手元の数字から八〇名、さらに増えました。また、八月二六日には、全国から八一七大学の有志が東京に集まり、法案反対の合同記者会見を行いましたが、現在、全国の一三七大学において法案反対の有志の会が結成されています。お手元の資料を御参照下さい。

ふだん政治的な活動になじみのない学者の運動がこのように広がっているのは、かつてないことです。しかし、このかつてないことは、学者だけではなく、高校生にも、大学生にも、ママさんたちにも、中年の世代にも、そして高齢者の間でも、また労働者、医師、宗教者、芸術家、弁護士など社会各分野にも生まれていて、法案反対の運動は、文字どおり国民の全階層に大きく広がっています。

その理由は言うまでもありません。今、日本の国民の多くが、戦後七〇年の間、日本国憲法の下でつくられてきた日本の国家社会の柱である平和主義、民主主義、そして立憲主義が危機にあることを認識し、安保関連法案が成立するようなことがあれば、日本の国の形が根本的に覆されてしまうと考えているからです。

平和主義とは、国際紛争を決して武力によって解決せず、交渉や協議を通じて解決するという原理です。日本国憲法九条はこのことを明確に規定しています。今回の安保法案は、安倍首相がこれからの日本の旗印であるとする積極的平和主義の名の下に、集団的自衛権の行使によって自ら進んで他国に対して戦争を仕掛けること、地理的限定を外した外国軍隊への後方支援の名目で限りなく武力行使と一体化する活動をすること、また、ＰＫＯにおいて、任務遂行のために武器使用を拡大することを内容としています。

安保法案は、これらを通じて自衛隊を武力行使する軍隊として世界に派兵し、自衛隊員が人を殺し自らが殺される事態をつくり出すものであり、そのゆえに多くの国民がこれを戦争法案と呼んでいます。安倍首相の積極的平和主義とは、まさに平和主義と正反対の、武力の積極的使用を意味しています。

## 安倍政権の新しい解釈

安倍政権は、法案の合憲性を言い続け、集団的自衛権の根拠に最高裁の砂川判決を援用しています。しかし、こうした援用はまさに曲解であり、この問題に関わって発言しているほとんど全ての法律家が、すなわち憲法学者たち、弁護士の団体である日本弁護士連合会、歴代の内閣法制局長官、最高裁の元裁判官たち、そしてついには元最高裁判所長官まで法案の違憲性を断じるに至りました。

集団的自衛権は、ある国が他国に武力攻撃を行う場合に、日本が武力攻撃されていないにもかかわらず他国を助けて、そのある国に武力行使をすることを可能にします。つまり、日本がそのある国に戦争を仕掛けるのです。当然、反撃され、戦争に入ることになるでしょう。

安倍首相は、集団的自衛権を認めても、これまでの憲法九条解釈との論理的整合性と法的安定性は保たれていると言いました。これは国民を欺くものです。これまで政府と国会で言わば国是として承認されてきた憲法九条解釈によれば、九条の下では、我が国に対する武力攻撃が行われ、国民を守るためにほかに手段がないときに必要最小限の範囲でのみ武力の行使が許されるのであり、集団的自衛権は、これを超えるものであるから当然に認められないとされています。

安倍政権の新しい解釈は、集団的自衛権も、これまで認められた個別的自衛権と同じように、国民を守るためにほかに手段がなくやむを得ず必要最小限の範囲でのみ行使するのであるから論理的整合性と法的安定性は保たれていると説明しています。しかし、この説明は、一方で我が国が武力攻撃を受けて反撃する自衛権と、他方で他国が武力攻撃を受けたときにそれを助ける言わば他衛権の、二つの本質的に異なるものについて、その行使の要件を似たものにすることで、両者があたかも同質のものであるかのような外観をつくり出したものにすぎません。

また、集団的自衛権は具体的にどのような必要性のために使われるのか、立法の必要性の根拠となるいわゆる立法事実も、またどのような要件の下に発動されるのかについても、国会審議を通じてきわめて不透明であることが明らかになっています。政府の答弁は、集団的自衛権を認めてくれさえすればあとは政府が適切に行使しますということに帰着するもののように思われます。これは、法治主義の原則からも絶対に認められません。

## 民主主義と立憲主義に対する挑戦

法案の内容と並んで問題なのは、その進め方が民主主義と立憲主義に対する挑戦だということです。

安倍首相は、決めるべきときに決めるのが民主主義だと言い、この四月にアメリカに約束した手前もあり、今国会で安保法案をどうしても成立させるつもりのようです。しかし、現在の深刻な問題は、国会の多数派と国民の多数派のねじれです。国会の多数派は選挙の投票における国民の主権行使によって成立した多数派ですが、しかし、主権者国民は、その多数派に全くの白紙委任状を与えたわけではありません。

ましてや、安保法案は憲法の平和主義を変えようとする重大な内容を持つものです。主権者国民を選挙のときだけの主権者に押し縮めることは民主主義を形骸化させます。

また、安保法案は審議が進むほど重大な問題点が続出し、国会が議論を尽くしたとは大多数の国民が考えていません。現在の民意に耳を傾けることこそ政治家の責務であり、安保法案の強行は、民意を無視し、民主主義、国民主権に背くものです。

安保法案が立憲主義に対する挑戦であるということは、憲法九条の解釈を変更して集団的自衛権を認めた二〇一四年七月の安倍政権の閣議決定に始まっています。日本国憲法の改正は、衆参各議院の総議員の三分の二以上の発議に基づき国民投票によってのみ決定されます。憲法改正は、主権者国民が直接に行使する権限です。このような保障によって、日本国憲法は国会の多数派とその上に成立する政府の権力行使を規範的にチェックする役割を持っています。

元々、安倍政権は日本国憲法の全面改正を目指しています。安倍首相は、憲法九六条が規定する憲法改正手続のハードルを下げるために、九六条を先行して改正することをもくろみました。しかし、これに対する国民の反発は大きく、また憲法全面改正も当面困難だという状況の下で、集団的自衛権を認め、憲法九条を骨抜きにする解釈改憲を図ったというのが、七月の閣議決定でした。政府の権力をチェックする憲法を、チェックされる政府が自分の政策に都合のよいように変更したというのが事態の本質です。

安保法案は、この七月閣議決定を受け、今年の四月、日米両政府が合意をした新たな日米協力のための指針、いわゆる新ガイドラインを経て国会に上程されたものです。新ガイドラインは、安倍政権が既に行政のレベルで憲法九条の骨抜きを既成事実化していることを示しています。これらの一連の事態は、日本国憲法の下での立憲主義の危機を示しています。

## 平和主義は日本外交最大の資産

日本国憲法九条の下、日本は、戦後七〇年の歩みの中で武力行使をしない国として世界から信頼を勝ち得てきました。日本国憲法の平和主義は、戦後日本の対外関係の土台であり、日本外交最大の資産と考えるべきでしょう。平和主義の基礎には、戦後、日本国憲法が確立した個人の尊厳の原理があります。武力行使は、人を殺傷することを目的とし、当の自分が殺傷されることを当然に含みます。このことが個人の尊厳と両立しないことは、誰が考えても明らかです。武力の行使が問題を解決するのではなく、問題を生み出すものであることは、現にヨーロッパに押し寄せる難民問題が示しています。違憲の安保法案の強行によってアメリカとの軍事同盟関係を強化する道は、個人の尊厳に基礎付けられた平和主義による日本国家の高い志と道義性を否定し去るものです。

最後に、参議院議員のみなさまにお願いをいたします。

違憲の法案を国民の過半数の意思を無視して成立させることにいかなる道理もありません。二院制の下、参議院の独自性と良識に基づいて、全ての議員の皆様が国民の代表として、党議の拘束から離れて、国民の反対と不安を自分の目と耳でしっかりと認識し、法案の違憲性を判断して、法案を廃案にするために行動していただくことを心から希望いたします。

以上です。ありがとうございました。

# 参議院平和安全法制特別委員会　鴻池祥肇委員長不信任動議討論　二〇一五年九月一七日

福島みずほ
（社会民主党）

## 保守の矜持とは

社民党の福島みずほです。

私は、社民党を代表して、鴻池祥肇委員長に対する不信任動議に対して賛成の立場から討論を行います。

私は、鴻池委員長を、今はこの対象になっておりますが、鴻池委員長を大変尊敬をしております。

二〇一五年八月二二日の東京新聞、鴻池氏は、さきの大戦で国会は軍部の独走を止められなかった、貴族院でどうにもならなかったから参議院を置いたと持論を展開。その上で、参議院の役割は衆議院の拙速を戒める立場だと指摘をした。そして、安保法案について、参議院が合意形成の努力をしなければいけないときに、総裁選とか法案をいつまでに成立させなければいけないとか、ばかなことを言ってはいけないと強調した。そのとおりだと思います。

礒崎補佐官に対する苦言や様々な発言、信念を持ち、歯に衣着せず、そして前後左右、上に気を遣わず、はっきりおっしゃる保守政治家の矜持を心から尊敬しております。

私は議員になって一七年目ですが、後藤田正晴さんや、亡くなられましたが、多くのいわゆる保守政治家と言われる方たちに、生前ゆっくりお話を聞く機会を持ってきました。後藤田正晴さんは、自衛隊を海外に派兵すべきではない、その持論をしっかり持っていらっしゃいました。自民党の保守の矜持とはまさにそれではないでしょうか。

鴻池委員長は、ただ、残念ながら、ここ数日、強権的な、あるいはごり押しとも言える運営をされたことに対し心から抗議をし、この賛成討論をする次第です。

### だまし討ちと職権

一五日の夜、中央公聴会が終わった夜に、一六日、地方公聴会が終わった後、締めくくり総括をし、終局をするということを職権で決められたことは論外ではないでしょうか。地方公聴会をやる前に、地方公聴会で公述人にわざわざ、わざわざ来ていただく前に、なぜ終局を言えるんでしょうか。これはあり得ないことだと思います。

実際、横浜で行われました地方公聴会において、広渡清吾専修大教授と水上弁護士両方から、このことについて苦言がしっかり提示をされました。

水上公述人は、冒頭に、公聴会の後に質疑が終局をするのか、公聴会は十分な審議のためか、採決のためのセレモニーなのか、もし後者であれば私は申し上げる言葉はない、委員長、どちらですかと質問を冒頭されました。委員長は、公聴会は十分な審議のためであるとおっしゃり、それで水上公述人は公述を行いました。にもかかわらず、なぜ地方公聴会の後の締めくくり総括、それの提案なんでしょうか。地方公聴会や多くの人たちの、本当にこの国会のために発言をしてくださることをこんな形で踏みにじってはなりません。

そして、昨日というか、今日一七日、三時半まで私も理事会の近くにおりましたけれども、みんなの合意で、厚意で休憩をすると、そして理事会は八時五〇分、九時に委員会ということで与野党全て合意をし、決定し、私もそのことをしっかり聞いております。でも、本日一七日、朝来てびっくりいたしました。理事懇談会が開かれると思いきや、九時に何とこの委員会に委員長や理事が座っております。だまし討ちではないでしょうか。国会の中の合意をした、与野党合意でしたことすら踏みにじってしまう、こんなことを許していては、国会はあり得ません。

そして、つい数時間前に、そこに存在した全ての人間で確認したことをだまし討ちでやるというこの運営は、まさに戦争法案が作動するときに、うそにまみれた戦争開始を行うのではないでしょうか。政治に対する信頼を根底から奪ってしまうものだと思います。

そして、本日一七日、残念ながら、鴻池委員長はまた委員会を再開し、締めくくり総括と、また職権で立てられました。その直後に福山理事が動議を出されました。ここまで混迷し、ここまで混乱し、みんながきちっと質疑をすべきだというときに、今日朝、また職権で締めくくり総括を立てられた。

この今述べました三点のこの運営に関して、私は、これはあり得ないという立場から不信任の動議に賛成をするものであります。

## 女性の公述人、参考人なしの問題性

そして、この委員会、例えば参考人質疑は衆議院で二回やりましたが、参議院では一回しかやっておりません。また、公述人と参考人は、残念ながら女性は一人もおりません。昨日、衆参女性国会議員有志で要請書を、要請文を、鴻池祥肇委員長にこれを手渡しいたしました。

昨日中央公聴会、本日横浜での地方公聴会は開かれたものの、これまでの公述人には女性は一人も選ばれておらず、とりわけこの法案に不安を持つ多くの女性たちの声は届けられているとは思えません。安倍政権では女性の活躍や意思決定過程への参画を重要視されていることから見ても、きわめて遺憾です。私たち女性国会議員は、現在選ばれて国会に身を置く者として、この平和憲法下に保障された女性参政権の上に国民の負託に負うべく仕事をしています。今回の審議における本質的瑕疵としてこの問題を指摘し、委員長には是非とも拙速な採決の道を取るのではなく、女性たちの声を聞き、十分な審議としていただけますよう強く要請します。

今、たくさんこの法案についての反対の声が広がっております。ＳＥＡＬＤｓ、ＭＩＤＤＬＥｓ、ＯＬＤｓ、ＴＯＬＤｓ、芸能人の皆さん、映画人の皆さん、そしてスポーツマン、スポーツウーマンの皆さん、表現者の皆さん、それから中東研究者の皆さん、そしてママたち、高校生、たくさんの皆さんが反対の声を上げています。

とりわけ、ママたちが誰の子も殺させないということを掲げて、まさにママの立場からこの法案に反対していることはきわめて重要です。たくさんのメッセージをもらいました。私も子供がおりますけれども、誰も、子供を殺させるために、殺すために産んで育てるわけではありません。このような切実なママの声を国会は聞くべきではないでしょうか。

そして、全日本おばちゃん党の「おばちゃん党はっさく(八策)」の第一項めは、「うちの子もよその子も戦争には出さん！」、戦場には出さぬというものです。これこそまさに根本的な、うちの子も大事、でも、よその子も、誰の子も、どんな子も戦場で殺させない、この声をぜひ国会でしっかり聞こうではありませんか。

公述人も参考人も全員男性であったということは、偶然かもしれませんが、残念なことであり、そういう現場の声を是非聞く機会を持つべきだと思います。

また、先日、自衛隊員と家族、恋人のための安保法制、集団的自衛権行使相談が行われました。その中で、いろんな方から声が寄せられております。

これは、たとえばお母さん、息子さんは二十代、陸自ですが、息子のことが心配です、安保法制には大反対、反対の声を大きな声で伝えてほしい。そして、イラク派兵のときには身辺調査が行われているということを聞き、国会前にも行きたいが、なかなか行けない。自分も国会前に行ってもだいじょうぶでしょうか。だいじょうぶですと。自衛隊員の子供がいて、賛成する親はいないと思う。

いろんな声が本当に寄せられております。まだまだ、まだまだこの国会は、参議院はそういう声を十分聞いていない、そういうふうに思っております。

なぜ、なぜ審議を打ち切り、なぜ、なぜ採決を急ぐんでしょうか。二七日まで会期があります。連休を返上して、この中でしっかり審議すればいいじゃないですか。まだまだ時間がある。私たちはお盆も返上して審議をやりました。先ほど福山さんからもありましたが、この連休中、しっかり審議しようではありませんか。

安倍内閣は、安倍総理は国民の声を恐れています。説明し、国民が理解すればするほど、この法案が国民のためのものではないことに気が付いて、自ら主体的に声を上げる国民を恐れています。自分たちに憲法上の正当性がなく、当事者意識もなく、思考停止になっていることが国民にばれてしまうのを恐れています。だから、立憲主義どころか民主主義さえ否定して、今多くの国民が動いていますが、本当に多くの国民が動き出す前に強行採決をしようとしているのではないでしょうか。

安倍内閣は臆病者政権です。国民のみなさんにしっかり説明をするというのであれば、まだ、まだまだ理解が足りないというのであれば、しっかり審議をしようではありませんか。審議の打切りなどあり得ません。

昨日、広渡清吾教授は、反知性主義、反立憲主義、反民主主義と言いました。ＳＥＡＬＤｓのみなさんが戦争法案反対と言うときに、自由と民主主義を掲げていることもきわめて大事だと思います。若い人たち、国民、市民は、戦争法案が平和を壊すということだけではなく、日本のまさに自由と民主主義が壊れてしまう、そのことを危惧しているからなのです。だからこそ、だからこそ私たちが、この国会が、その民主主義を多数決主義で踏みにじってはならない、このことはきわめて大事なことです。

今日もし採決をするというのであれば、もはや政府・与党は、自由と民主主義を標榜する資格、平和を標榜する資格はありません。

## 国会議員は憲法尊重義務を負う

そして、この法案の中身についてまずお話をいたします。

まず、何といっても憲法違反だということです。自民党は、自民党こそが、まさに自民党こそが、戦後、集団的自衛権の行使は違憲であるとしてきました。二〇〇四年一月、安倍総理は、当時、安倍委員ですが、国会で質問しております。日本国憲法下で集団的自衛権の行使は可能か。秋山内閣法制局長官は、集団的自衛権の行使と個別的自衛権は質的に違います、量的な差異ではない、日本国憲法下で集団的自衛権の行使は違憲ですとはっきり答えております。この答えを、なぜ安倍総理はしっかり聞かなかったんでしょうか。

自民党のみなさん、与党のみなさん、政府のみなさんに申し上げたい。集団的自衛権の行使を違憲であるとして、法律を、行政を行ってきたのは、ほかならぬみなさんたちではないでしょうか。安倍内閣は、もはや自民党政治ですらありません。

私たち国会議員は、憲法九九条の下に憲法尊重擁護義務を持っております。天皇、摂政、国務大臣、国会議員、裁判官その他の公務員は、憲法を尊重し擁護する義務がある。当然のことです。総理大臣、最高権力者こそ憲法を守らなければなりません。

マグナカルタ、一二一五年、八百年前に作られたものは、まさに権力を縛るもの、憲法はそのような形で誕生をいたしました。最高権力者が、権力者が憲法を守らなくては憲法が憲法ではなくなってしまいます。総理の上に憲法があり、総理の下に憲法があるのではありません。憲法を守れ、安倍総理、政府・自民党は憲法を守れ、そのことを言いたいと思います。

## 憲法が憲法でなくなる社会とは

この戦争法案は、誰が見ても、誰が見ても、誰が見ても憲法違反です。だから、ほとんどの憲法学者が、日弁連は全会一致で、そして多くの研究者が、学者が違憲と言っています。歴代の内閣法制局長官、そして最高裁長官、最高裁判事ですら、あえて憲法違反だと言っています。私は、その気持ちが痛いほどわかります。

憲法が憲法でなくなる社会は、一体どんな社会でしょうか。憲法にのっとって、憲法、法律、政省令という序列の下に私たちは生きています。私たち国会議員は憲法に基づいて法律を作ります。行政は憲法に基づいて行政を行います。裁判所は憲法に基づいて判決を出します。この社会で憲法が憲法でなくなる、まさに無法地帯ではないでしょうか。

だから、私たちは、この戦争法案の問題点は、単に戦争法案だけの問題点ではないんです。憲法が憲法でなくなる、憲法が憲法でなくなる社会をどんなことがあっても私たちはつくってはなりません。

私たちは、この戦争法案、大きく二つあります。

集団的自衛権の行使を合憲としていることです。自分の国が攻められていないにもかかわらず、他国の領域を武力行使できることを容認しています。例外的にといいますが、例外の要件について明確な提示はありません。全くの白紙委任で、日本は、日本が攻められていないにもかかわらず、他国の領域で武力行使をするのです。

そして、二つ目は、いわゆる後方支援という名の下に一体として戦争を行うことです。非戦闘地域ではなく、戦場の隣であればどこへでも行けると、条文上はなっている。弾薬は提供できなかったのに、弾薬を提供できるようにする。そして、発進準備中の戦闘機にまさに給油も整備もできる。そして、その弾薬は消耗品であり、クラスター爆弾も劣化ウラン弾も、そしてミサイルも全部入る、運搬する武器の中に核兵器も入る、発進する戦闘機に核兵器も、核爆弾も搭載することも定義上は除外されていないと防衛大臣は答えました。どこまでこの国は、どこまでこの国は、醜い戦争に加担していこうとするのでしょうか。

戦後、七〇年前、日本は三〇〇万人の日本人の犠牲と二〇〇〇万人以上と言われるアジアの人々の犠牲の上に憲法九条を獲得いたしました。どれだけの犠牲を払ってこの憲法を獲得したのか、いまだもって戦争の被害に苦しんでいらっしゃる人がたくさんいらっしゃいます。だから、この戦争法案は、私は、三〇〇万人の犠牲者、二〇〇〇万人以上の犠牲者に対する冒瀆だと考えます。こんな法案を、どんなことがあっても成立させてはなりません。

私は、この国会で、いわゆる悪法と言われる法律が残念ながら成立することを経験してきました。しかし、今回の戦争法案は、その悪法ぶりにおいて、憲法を踏みにじる点で、憲法違反の点で、憲法に対するクーデターという意味で、ほかの法律の比ではありません。

今、私たちはこの国会で、ナチス・ドイツが、ワイマール憲法がありながら国家授権法を作り、まさに政府限りで基本的人権を制限できるとして、あの暴虐の限りを尽くしたあのナチス・ドイツと同じ、まさに国家授権法成立前夜、そんな状況を迎えているのかもしれません。私たちはそんなことを絶対にさせてはならない。明文改憲に反対ですが、解釈改憲はそれよりも一〇〇倍も一〇〇〇倍も罪が重いことを、国会議員は自覚すべきです。

## 立法事実は消えた

立法事実もありません。ホルムズ海峡の機雷除去について想定していないと、最後、総理は言いました。そして、米艦防護における日本人母子、これも必要条件ではないということで、立法事実は、事実上、この参議院の審議の中で消えてしまいました。立法事実がない、そんな法律を成立させてはなりません。

そして、三点目、戦争法案ということについて申し上げます。

私は、四月一日、予算委員会で戦争法案と言ったら、不適切であるとして削除要求を受けました。しかし、私は、三月でも、憲法審査会でも、戦争法案という言葉を何度も使っております。ある日突然、ある日突然、野党の国会議員の言葉が不適切となる、しかも同じ委員会で。安倍内閣は、メディアや教育をコントロールしようとし、そして野党の国会議員の言葉狩りまでやろうとしているのでしょうか。

この戦争法案という言葉が不適切である、変えてほしいという自民党の人と話をしましたが、戦争法案ではなく、戦争につながる法あるいは戦争関連法ではいかがかと言われました。同じことではないでしょうか。

私は、安倍内閣が、まさに専守防衛は変わらないと言いながら、専守防衛は変わらないと言いながら、自分の国が攻められていないにもかかわらず他国の領域で武力行使をすることを認める、これはもう専守防衛ではありません。中国の軍拡や北朝鮮の脅威を言いますが、それは個別的自衛権の問題です。日本人の命と暮らしを守ると言いながら、世界中で自衛隊が戦争できる、後方支援ができることを認める法案は、まさに説明が違う、国民を誤った言葉で、誤った言葉でごまかして、だましているとしか言いようがありません。

安倍総理は、安倍談話の中で、侵略戦争についてまちがっていた、侵略戦争であった、満州事変以降は侵略戦争であったということを明言しませんでした。

そして、イラク戦争について私が先日聞いたところ、大量破壊兵器はなかったことは認めながら、私が、これは九月一四日の委員会ですが、今の時点で判断は変わらないということでよろしいですね、正しい戦争なんですかと質問したところ、総理は、「妥当性は変わらないというのが政府の考えでございます。」と答弁をされました。

アメリカもイギリスも、まちがっていたということを検証しています。オランダは、国際法違反であることを正式に認めました。イラク戦争をいまだもって正しい戦争であったと言うこの安倍内閣、国際水準から見ても明らかにずれて、外れております。

戦争が起きるときに、まず情報開示をしない、あるいは情報すら実は持ってないのかもしれない、大量破壊兵器がなくてもいまだに正しい戦争だったと言う、そして検証すらしない、全く思考停止ではないでしょうか。このような態度であれば、アメリカが行う戦争に思考停止で、アプリオリに、自動的に肯定をしていくのではないか、そういう危惧を大変持っております。（発言する者あり）危惧ではなく、まさにそうだという声がありましたが、私もそう思います。

私は、戦争に正しい戦争も正しくない戦争もないと思います。九三歳の瀬戸内寂聴さんは、議員会館前のところに来られて、戦争に正しい戦争なんかない、戦争は人殺しです、そうおっしゃいました。そのとおりだと思います。

しかし、この法案は、正しい戦争であることの担保すら置いておりません。存立事態も重要影響事態も、その前提となる戦争は、国連決議や安保理決議すら要件としておりません。あのイラク戦争を、いまだもって当時の判断は正しかった、正しい戦争だったと言うこの内閣は、未来に向かってまちがった戦争に、とりわけ醜い、汚い、泥沼の侵略戦争に加担していくのではないでしょうか。だからこそ、この戦争法案に反対です。

この委員会で、イラク戦争の実相について質問をさせていただきました。まさに米軍ヘリから無差別に市民を殺している、あっはっはと言いながら殺している、そんな写真、そしてウィキリークスに内部告発された動画もあります。どういう戦争なんでしょうか。

対テロ戦争とは市民への殺戮、市民への戦争は無差別殺人です。戦争法案は、リスクの肩代わり、そしてお金の肩代わり、そして人員の肩代わり、戦争下請法案です。私は、戦争によって日本の自衛隊が被害者になってはならない、そう思います。日本の政府が戦後初めて日本の若者に対して人を殺せと命ずることが絶対にあってはならない、そう思います。

そしてもう一つ、加害者にもなってはなりません。私は、戦後の日本が、海外で武力行使をしない、非核三原則、武器輸出三原則、この三つを掲げて戦後七〇年を築いてきたことは日本の財産だと思っています。これをかなぐり捨てようとしているのが安倍内閣です。日本製の武器が世界の子供たちを殺さなかった、これはまさに日本の財産、宝物ではないでしょうか。日本がまさに誇っていいことです。でも、安倍内閣は、武器と原発を売って金もうけ、軍需産業のためにも、まさに武器輸出三原則を見直し、戦争法案を成立させ、弾薬を提供し、まさに戦争しようとしています。

## 私たちはたくさんの死者に責任がある

私たちは、戦争の被害者にも加害者にもなってはなりません。そして、対テロ戦争、憎悪と報復の連鎖の中に日本が入っていけば、どれだけ日本は多くのものを失っていくのでしょうか、どれだけ多くのものを日本が失っていくでしょうか。これは、与党自民党のみなさんたちもむしろ理解できることではないでしょうか。保守の矜持というものがあったみなさんたちの先輩たちは、戦争しない、海外で武力行使はしない、そのために政治を行ってきたんです。

なぜそれを、なぜそれを壊そうとするんですか。これは、私たちが単に二〇一五年の七月にやることではなくて、日本の戦後の出発点と戦後の七〇年間がこの戦争法案によって壊されるということが問題なんです。

たくさんの死者の人たちに対して私たちは責任があります。過去に対して責任があります。現在に対して責任があります。そして、私たちは未来に対して責任があります。どんな子も殺させない、そんなママたちの声をしっかり受け止めて政治をしなければなりません。（発言する者あり）

私は、この戦争法案は、日本の若者がまさに殺されるかもしれない、戦死するかもしれない、そんな命の懸かった法案です。審議は不十分です。もういいなんていうことはないですよ。国民の一人一人の命を、世界中の子供の命を一体何と考えているんですか。日本がどれだけの、どれだけの、どれだけのものにこれから踏み込んでいくというのでしょうか。

このようにたくさん問題がある戦争法案に関して、ごり押しをすることはできません。かつて、このような大きな法案は、何会期も何会期も何会期もまさに議論をしてきました。一一本の、実質的には一一本の法律をこんなに短期間に成立させようというのはまさに暴挙です。PKO法や船舶検査法や武器使用や、ほとんど議論されていない、議論が残っていることもたくさんあります。まさにこれからではないでしょうか。

## うそと捏造から戦争は始まった

先ほど、もういいよというやじには私は強く抗議したいと思います。国民の命が懸かっている、人の生き死にが懸かっているそんなときに、もういいよということはないじゃないですか。そして、申し上げたい。この法案、終局して採決などあり得ません。もし参議院が、与党が終局して採決をしようとするのであれば、自由と民主主義を破壊し、憲法を破壊し、まさに憲法に対するクーデターを起こすものです。憲法に対するクーデターです。憲法尊重擁護義務を持っている国会議員がそんなことをしていいとは思いません。私たちは、憲法とそして良心にのっとり、政治を行わなければならない。そして、政治は、ほかの何よりもやっぱり命を大事にするものだと思います。

うそをついてはいけません。うそをついてはいけません。戦争はうそと捏造から始まった。柳条湖事件、トンキン湾事件、そしてイラク戦争です。トンキン湾事件はアメリカの自作自演、北ベトナムから攻撃を受けたと、トンキン湾で。それは自作自演であったことを実はアメリカ自身がペンタゴン・ペーパーズで明らかにしました。それを持ち出したエルズバーグさんはニューヨーク・タイムズにそれを持ち込み、二回連載したところでニクソン政権は差止めを掛けます。アメリカの最高裁は、我が国の若者が異国で亡くなることについて情報は開示されるべきだとし、連載が続き、ベトナム戦争は終わりを告げます。

秘密保護法がある日本でどれほどのことが明らかになるのでしょうか。事前承認、事後承認であっても、一体どれだけのことが本当に明らかにされるのでしょうか。中谷防衛大臣は、秘密保護法の適用があり得ると答弁をしました。情報は開示されるのでしょうか。

この戦争法案そのものが平和と自由と民主主義を踏みにじるものである、そして審議は不十分、私は廃案の立場ですが、採決ができる状況では全くない、採決ができる状況では全くないということを申し上げたいと思います。

また、もう一つ、この法案が成立した暁にこの日本の社会が大きく変わることを一言申し上げます。雇用と社会保障のことです。

一兆五〇〇〇億円、骨太方針で三年間の間に削減すると言われ、なぜ一八六億円のオスプレイを大量に買うのでしょうか。なぜ防衛予算は五兆円を超えるのでしょうか。国家財政は本当に厳しい状況です。戦争法案のために、プチアメリカ帝国をつくろうとし、防衛予算をたくさんにすることで、まさに、まさに防衛予算はうなぎ登りに増え、青天井となり、そして社会保障が圧迫されるのではないでしょうか。

テロ特措法とイラク特措法は時限立法でした。ですから、まだ期限があった。しかし、重要影響事態法と国際平和支援法には期限がありません。恒久法案です。ということは、このことを、後方支援を始めて一体いつ終わりが来るんでしょうか。平和を壊すだけでなく、財政の面でもきわめて問題です。大砲ではなくバター、この古典的なことを申し上げたい。

この戦争法案がもし万が一成立したときに、この日本の社会が、戦争ができる国になるだけではなく、自由と民主主義が制限される。報道の自由が制限される、本当のことが報道されない。言葉が制限される。そして、財政がまさに防衛予算の方に削減される。多くの多くの変化がこの日本社会で起きるでしょう。ドンパチ戦争をやっているときだけに被害が起きるのではなく、戦争をするずっと手前の段階でこの日本の社会が、自由と民主主義が大きく変質をする。だからこそ、ＳＥＡＬＤｓを始め若い人たちが自由と民主主義を掲げ、反対をしているのだと思います。

## 歴史の犯罪者になってはいけない

与党のみなさんにとりわけ申し上げたい。

私は、保守の矜持というものはあると、そう思っています。戦後の保守政治をつくり、集団的自衛権の行使を違憲とし、海外で武力行使をしてこなかった、その日本の政治を私たちは守っていくべきだ、そう思います。違う未来を一緒につくりましょう。未来の子供たちに対して私たちは責任がある。過去、現在、未来に責任がある。私たちは、歴史の中で重要な役割を果たしています。戦争法案を成立させるということは、歴史の犯罪者になることです。歴史によって裁かれるでしょう。未来に、なぜこんな法案に賛成したのか、歴史の中で裁かれるでしょう。それは望まない。

参議院が参議院であり、国会が国会であり、あの苦難の戦争の後に貴族院から参議院に変わり、七〇年間にわたる営々とした営みの中で、非戦の誓いを立て、先輩たちがどれだけ、与野党を超えて、党派を超えて、思いを込めて戦争をしない国であるために努力をしたのか、そのことを刻むべきだ、そう思っています。

歴史の犯罪者になってはなりません。国民の命を粗末に扱ってはなりません。殺人の共犯者になってはなりません。そのことを申し上げ、私の鴻池委員長への不信任動議への賛成討論といたします。

# 参議院本会議　安全保障関連法案　反対討論
# 二〇一五年九月一九日

福山哲郎（民主党）

**本会議での発言を一五分に制限した参院与党**

民主党・新緑風会の福山哲郎です。

現在も、私は、与党のあのような暴力的な強行採決は断じて認めるわけにはいきません。今も、国会の周辺に多くの方々が反対の声を上げて集まっていただいています。全国で、テレビやツイッターやフェイスブック、あらゆるメディアを通じてこの国会が注視をされています。たくさんの人々は、有名になった学生団体のＳＥＡＬＤｓだけではありません。憲法学者、元法制局長官、元最高裁判事、最高裁長官、各大学の有志のみなさん、そして何より、一人一人、個人としてこの法案を何とか廃案にしたいと、少しずつ、一歩ずつ勇気を持って動き出していただいたみなさまが、今この国会と全国で注目をいただいています。

これらの数え切れないほどのたくさんのみなさまの反対の気持を代弁するには、あまりにも力不足ではございますが、満身の力を込めて、この立憲主義、平和主義、民主主義、日本の戦後七〇年の歩みにことごとく背くこの法案に対して、違憲と断じ、私は反対をここで表明させていただきます。

そして、多くの国民のみなさまに心からお詫びを申し上げます。今もおそらく祈りにも似た気持でこの国会を見ていただいているでしょう。でも、残念ながらあと、たぶん数十分もすれば、数の力におごった与党が、この法案を通過させることになるでしょう。本当に申し訳なく思います。期待していただいた野党は力不足でしたが、それぞれの委員、それぞれの政党、それぞれやれることを国会の中で懸命にやらせていただいたつもりです。そこは国民のみなさまに信頼していただきたいと思います。

先ほど何の採決が行われたのか、画面を見てわからない方がたくさんいらっしゃったかもしれません。あれは、与党がこの本会議のこういった発言に対して時間を一五分以内にしなさいという制限を付ける動議を提出して、我々はそれに対して、反対、賛成の票を投じて、結果として、今のこの私の発言は一五分で制限をされました。

この本会議、これまで何度も、問責決議、解任決議、いろんな決議に対して与党は、この動議を提出し、野党側の発言の時間を制限しました。たとえば、三〇分議論をしたいと原稿を持ってきた議員は、それで自分の言いたいことを言えないまま壇上を降ろされることもたくさんありました。私が若かりし頃、もう一〇年以上前になりますが、この参議院でどうしても通したくない盗聴法という法案に対し、三時間、いわゆるフィリバスターという反対演説をされた議員が、先輩でいらっしゃいました。今日も、お隣の衆議院では我が党の枝野幹事長が約二時間の演説をされました。

私がこの動議の話をし出すと、最低限のルールだとか、そういったやじが飛びました。なぜ、隣で二時間の議論が許されて、参議院は一五分なのでしょうか。参議院も国会も含めてここは言論の府です。我々は国民の言葉を伝えるためにここに立たせていただいています。それを与党が数で言論を封殺することは許されません。

そして、この言論封殺は、強硬に審議を打ち切り、一昨日あの暴力的な強行採決をしたことにつながっています。暴力的な強行採決と言論封殺の末に我々野党の議員の表決権を奪った、このような法案の一昨日の採決は存在し得ない、あり得ない、私はそう思います。

しかし、そう言うと、じゃ、何でおまえはここに出てきたんだと言われる方がいるでしょう。それは、我々は、一昨日のあの理不尽な採決に抗議をして、ここからたとえば退席をしたら、いちばん楽をするのはあなたたちじゃないですか。そして、この言論封殺の実態も国民に知らせないまま我々はこの国会から立ち去ることを、我々自身の気持として許さないから、あの採決は、我々は無効だと思っているけれども、とにかく国民のみなさんの気持を代弁し、反対の気持を、反対の意思を表明するために、ここに全員立たせていただいています。

## 政府のご都合主義

三権分立の我が国で、立法府で審議中の法案に対して、ＯＢとはいえ、司法、それも最高裁長官が違憲と発言をされることはきわめて異常な事態です。最高裁長官の発言や法制局長官の言葉を一私人の言葉として切り捨ててしまう、いかにそれが大それた傲慢なことか、やってはいけないことをしているのか、なぜ与党のみなさんは、安倍総理は理解できないのでしょうか。それがこの国の法治国家としての基盤を崩してしまうことをなぜ理解し得ないのでしょうか。

当時の最高裁長官の山口元長官は、長年の慣習が人々の行動規範となり、それに反したら制裁を受けるという法的確信を持つようになると、これは慣習法になる、憲法九条についての従来の政府解釈は単なる解釈ではなく、規範へと昇格しているのではないか、九条の骨肉と化している解釈を変えて集団的自衛権を行使したいのなら、九条を改正するのが筋であり、正攻法でしょうと、今回の法案について違憲と述べておられます。至極真っ当な意見です。

そして、その前には、政府高官は、違憲かどうかは最高裁が判断するんだとうそぶきました。そして、元の最高裁長官がこういう発言をされると、一私人だと切り捨てました。ご都合主義もいいかげんにして下さい。そして、国権の最高機関である立法府の人間が、自らが立法する法律を違憲かどうか最高裁に判断して下さいと丸投げして、それで立法府の責任が果たせるんですか、みなさん。そんなあたりまえのことがなぜわからないんだ。そして、そんなあたりまえのことを、なぜ理解せずに、最高裁に任せればいいなどという無責任な発言をするんだ。私は、同じ立法府にいる者としてたいへん恥ずかしく思います。

## 法的規範性を壊すことになぜ鈍感なのか

砂川判決も昭和四七年見解も、審議の中でもう根拠にならないことは明白になっています。

（発言する者あり）

おまえの質問は毎回同じか。おい、今言った者、僕の議事録を読んだか。おい、今のやじは許せない。私の議事録を読んで、私の質問が全部同じかどうか、今ここで証明しろ。おい、今言った者、手を挙げろ。おい、今言ったのは誰だ。議長、今のは許せぬ。今のは許せないやじです。この状況であのやじは何だ。議長、お願いします、注意して下さい。注意して下さい。やじを言って、誰だと言われて自分だと言えないようなやじを言うな。（発言する者あり）ブーメランで返ってくる。私は今壇上にいるんだ。

いいですか、少なくとも四〇年以上、日本は集団的自衛権の限定行使はできないと、歴代の法制局長官とあなた方自民党の先輩、それぞれのみなさんが、内閣総理大臣も含めて全ての閣僚がそれを決めてきたんです。歴史の歩みを軽んじ、法的規範性を壊すことに、なぜそんなに鈍感なのか、なぜそこに謙虚さを持てないのか。

私は、戦後七〇年のこの歴史と先人の、日本をこれまで豊かにしてきた自民党の歴代の保守の政治家に一定の敬意を持っています。しかしながら、今の自民党、あなた方は歴史の歩みと先人のこれまでの御尽力をまさに切って捨てる、あなた方に保守を語る資格はありません。あなた方にあるのは単なる保身にすぎません。

もう違憲かどうかは明白です。ホルムズ海峡も立法事実としてはどこかへ行きました。総理の発言がありました。それも、この法案の審議の終盤に発言するところに安倍総理のある種の私は姑息さがあると思います。米艦防護も、もう米艦一隻では動かないということを、これも総理を含め認められました。自衛隊のリスクはない、減ると言った安倍総理の発言も、もうほとんど絵空事になっています。

なぜ、ここまで審議の中で、この法律の出来の悪さが、この法律の矛盾が、我が国の有事に対する、これまでの我が国の安全保障の法体系を崩していることが明らかになっているのに、なぜ、謙虚にそれを素直に修正したり改正をしたり、さらにはしっかりと出し直すことを、あなたたちは考えないんですか。

総理やあそこにいらっしゃる中谷大臣の答弁が二転三転をするにつけて、それをかばうために別の条文を引っ張り出し、それを何とかごまかすために別の答弁をし、そして、どんどんどんどん深みにはまって、混乱に混乱をきわめて、一体、これだけ論点が散らかったままで実力部隊の自衛隊のみなさんをどうやって海外に出すんですか。

私は、今回、北澤元防衛大臣と一緒に委員会に臨ませていただきました。防衛大臣は自衛隊員のみなさんを本当にかわいがっておられて、いろんなお話を、逆に北澤防衛大臣から指導を受けました。その北澤防衛大臣ですら、こんなことで自衛隊員を外へ出すのは忍びない、そう言っている北澤防衛大臣の思いをなぜあなた方は分からないんですか。自衛隊員のみなさんにも家族がある。自衛隊員のみなさんにも人生がある。何であなた方は、こんないいかげんな法律で自衛隊員のみなさんに下令をして海外に行けと言えるんですか。

## 委員会は開会されていないのに採決か

一つ重要なことを申し上げます。これは重要なので聞いてください。（発言する者あり）その時間を守れというやじと同じぐらい重要なルールの話なので聞いてください。

一昨日の暴力的な強行採決は……、（発言する者あり）最後ぐらい黙って聞け。あなたたちには武士の情けもないのか。

一昨日の強行採決の場面を思い出して下さい。鴻池委員長が復席をされました。私は野党の理事の立場として、あの委員会の議事は実はまだ合意ができていませんでした。もちろん委員長が職権で立てておられることは、私は承知の上です。しかし、職権で立てていることは承知の上ですが、合意をしていないので、私は、これが始まる前に、委員長に議事を整理したいと言って、ゆっくり委員長のところに歩み寄りました。そうしたら、突然与党の議員が、それも委員会のメンバーではない議員が、二〇名以上がダーッと来て、あっという間に混乱のきわみになりました。

みなさん、昨日、参議院のスタッフがごていねいに私に一昨日の議事の日程を出してくれました。いつどこで何の議事がされたか、採決がされたか全くわからない状況の、どういうわけか議事が出てまいりました。時間があって、何か知らないけど、採決とか書いてあります。これで、実は見事に、見事にですよ、委員会の開会の時間が入っていません。議事録を見ていただければおわかりのように、委員会の開会が、スタートしていません。つまり、野球でいえば、プレイボールが掛かっていないのに、試合がされていないのに採決なんて、みなさん、あり得ないでしょう。

## 地方公聴会の報告もなされていない

**議長**（山崎正昭）　福山君、時間が超過をいたしております。簡単に願います。

そして、委員長認定というこの紙に重要なことが書かれています。重要なことが書かれています。実は、その前の日にありました地方公聴会の報告がされていないことがこの委員長認定の紙でも明らかになりました。

参議院先例二八〇、「派遣委員は、その調査の結果について、口頭又は文書をもって委員会に報告する」、こう書いてあります。

委員会に派遣は報告をしなければいけません。派遣報告はされていません。地方公聴会の派遣は、我々の委員会四五人でしたが、二〇人です。残りの二五人は、実は地方公聴会のことを聞いていません。そして、その委員会の報告を聞いて、それぞれが地方公聴会の中身、公述人の方の中身を確認して、審議にそれを供して採決に至るというのが参議院の委員会のルールです。ところが、委員会の報告がないということは、地方公聴会をしたにもかかわらず、実は採決としては重大な瑕疵があるということが明らかになりました。

そしてこのことは、野党の表決権が剝奪されたことに加え、公述人は外部の方です。外部の方が委員長のお願いで、要請で公述に来られました。そして、その公述に来られた方の公述が委員会に報告をされませんでした。

**議長**（山崎正昭）　福山君、福山君、大幅に時間が超過をいたしております。簡単に願います。

委員会がその報告を受けなければ、議事録には載せられません。つまり、このままでいうと、あの地方公聴会は、開催をされて公述人の方はしっかりと公述をしていただいたのに、その議事が議事録に載らないということは、あの公述人の地方公聴会はなかったものにされます。これは外部との関係です。（発言する者あり）

すみません、先ほどからルールを守れと言われていますが、いいですか、時間を制限したこの十分や二十分よりも、採決の要件である地方公聴会の委員会報告がない方が、ルールとしてはたいへんな瑕疵になります。

我々の野党推薦の公述人は、東京大学名誉教授・元副学長・前日本学術会議会長広渡清吾さん、弁護士・青山学院大学法務研究科助教水上貴央さんです。これは外部の方でございまして、この外部の方の議事録がこのままなくなったことにされてしまうというのは、参議院としての最大の汚点を残すことになります。そしてそれは、この採決が無効であることになります。

そして、もう一つ申し上げます。私は、このことは何としても、外部だから、与党も野党も関係ない、時間の遅延も関係ない、そんなことではなくて、ちゃんと委員会を開いて報告をしてほしいと言って、自民党の筆頭理事に一昨日の夕方からこの問題を申し上げて、理事懇を開いていただいて、委員会をとにかく短期間でもいいからやらないと議事録に残らないからやってくれとお願いをしたのに、全くもって音沙汰なし、黙殺をされました。これこそが言論封殺じゃないですか、みなさん。

私は、こういったことが政治の信頼をなくすというふうに思います。（発言する者あり）八分が何だ。あなたたちは、あなたたちは我々の審議を一昨日打ち切ったんだ。そのぐらい

のことは寛容で、武士の情けで聞け、黙って。（発言する者多し）
わかりました。あと一個論点を言って締めくくりの話をして終わりますから、静かにして下さい。

## 「平和安全」法制という欺瞞性

総理は、そして自民党の方々は、戦争法案と言われるのを嫌いました。戦争法案、戦争法案、言われるたびにレッテル貼りと言われました。しかし、総理は議事録で何度も何度も、アフガン戦争、イラク戦争、湾岸戦争と言われました。

日本は、アフガン戦争、湾岸戦争、イラク戦争を違法な戦争と認定したことはありません。総理は、戦争というと、日本は違法な戦争には参加しないと言っているのに、じゃ、この三つの戦争は、総理は違法と思っているのか。まちがいなく思っていません。そして、アフガン戦争では、イギリス、カナダ、フランスが集団的自衛権の行使をしています。そのときに、イギリス、フランス、カナダ等がアフガン戦争は戦争ではないと言うんでしょうか。

そして、岸田外務大臣は、ジュネーブ条約上、存立危機事態の状況のときには日本は紛争当事国だということを認めています。紛争当事国というのは、戦争に参加をしている国ということです。そして、総理自身がアフガン戦争と言っている戦争は、日本国政府は違法だとは言っていません。そこに集団的自衛権を行使することは、当然戦争に参加をすることです。そのことを私は総理に確認したかったけれども、総理が審議を打ち切ったので、このことも確認できませんでした。ですから、戦争に参加する法案だということは全くまちがいのないことだというふうに思います。

戦争法案だと言われれば、本当に何か考えられないぐらいすぐに反応する。そして、専守防衛はいささかも変わらないとうそぶくけれども、全くそんなことはない。自衛隊のリスクはないと言いながら、自衛隊のリスクはとんでもなく広がっている。そして、この法案の名前が平和安全法制、どうやって国民をごまかそうとしているんですか。それを国民が見抜いたからこそ、反対の声が広がっているんじゃないんですか。安倍政権の欺瞞性に気付いたからこそ、国民はこの法案に声を上げているんじゃないんでしょうか。

## 国会の外と中、国民と政治がつながった

最後に申し上げます。

残念ながら、この法案は今日採決をされるかもしれない。しかし、この闘い、今は負けかもしれませんが、しかし、私は、試合に負けても勝負には勝ったと思います。私は、国会の外と国会の中でこれほど国民と政治がつながった経験をしたことがありません。

単なる私見ですが、奥田さんを始めとするSEALDsに参加をしている若者や、子供たちを抱っこしながら国会の周辺に来た若い奥様方や、女性や、そういった人たちは、多感な中学生や高校生のときにあの3・11の東日本大震災を経験されています。

たとえ被災地ではなくても、中学や高校の多感なときに、生きることや、突然家族や仕事や

住んでいるところがなくなる人生の不条理や、さらには原発事故の矛盾に向き合ってきた世代が今のＳＥＡＬＤｓに参加している若者の世代です。彼らの感性は、ひょっとしたら我々の時代とは違っているかもしれない。僕は、この国の民主主義に、彼らの感性に可能性を感じています。

どうか、国民のみなさん、諦めないでください。闘いはここから再度スタートします。立憲主義と平和主義と民主主義を取り戻す闘いはここからスタートします。選挙での多数派などは一過性のものです。国民の気持を、どうか、ずっと、ずっと、この矛盾した、このおかしな法案に、国民の気持を、どうか怒りの気持を、何とかしたい気持を持ち続けていただいて、どうか、どうか闘いをもう一度始めていただきたいと思います。

私たちもみなさんの気持をしっかり受け止めて闘い続けること、そして、安倍政権を何としても打倒していくためにがんばることをお誓い申し上げまして、私の反対討論とさせていただきます。

# 参議院本会議　安全保障関連法案　反対討論
# 二〇一五年九月一九日

小池　晃
（日本共産党）

## 法の支配の否定

日本共産党の小池晃です。

私は、会派を代表し、そして今この瞬間も、国会を取り巻いている人々と、全国各地で怒りの声を上げている国民とともに、満身の怒りを込め、安倍政権が平和安全法制と称する戦争法案に反対する討論を行います。

一昨日の委員会で、与党は、むき出しの暴力で議員の質問と討論の権利、そして表決権までを奪いました。戦後日本の歩みを大転換し、多くの日本人の命を危険にさらす法案、日本国憲法に明らかに違反する法案を、ぶざまで恥ずべき行為を繰り返し強行することの罪はあまりにも、あまりにも重い。断固として糾弾するものであります。

反対理由の第一は、集団的自衛権の行使を可能とする本法案は、日本国憲法第九条を真っ向から蹂躙するものだからであります。

そもそも、戦争放棄、戦力不保持、交戦権否認を規定した憲法九条の下で、他国の戦争に加担する集団的自衛権の行使が認められる余地は寸分たりともありません。

　日本が武力攻撃を受けていないにもかかわらず海外で武力を行使することになれば、日本の側から武力紛争を引き起こすことになります。国際紛争を解決する手段として、国権の発動たる戦争と武力による威嚇、武力の行使を禁じた憲法九条への明白な違反ではありませんか。政府自身が六〇年以上にわたり、自衛のための必要最小限度の実力組織だから、自衛隊は憲法に違反しないと弁明し、憲法九条の下で集団的自衛権の行使が認められる余地はない、と説明を繰り返してきたではありませんか。

　過去の戦争への反省もなく、よく聞いておきなさい、深みのある議論もなく、先人や先達が積み重ねてきた選択への敬意もなく、また、それによってもたらされることへの責任と覚悟もないままにこの解釈改憲を実行するならば、将来に重大な禍根を残すであろう。誰の言葉ですか。これは古賀誠元自民党幹事長の言葉です。歴代政権の憲法見解の根幹を一八〇度転換し、数の力で押し通すことは、立憲主義の破壊、法の支配の否定であり、断じて、断じて許されるものではありません。

　衆参の国会審議を通じ、政府の論拠はことごとく崩壊いたしました。砂川判決には集団的自衛権への言及はなく、引用部分が判決を導き出す論理とは直接関係のない傍論であることを政府自身が認めました。総理は、ホルムズ海峡での機雷掃海を、衆議院では集団的自衛権行使の典型例として挙げ、それ以外は念頭にないとまで述べていたのに、参議院審議の最終局面で、現実には想定していないと一八〇度全面撤回したではありませんか。

総理は繰り返し、日本人の母子が乗った米艦防護のパネルを掲げて、日本国民の命を守るための法制だと説明していたのに、これまた本院での質疑の最終盤で、日本人が乗っているかどうかは絶対的なものではないと中谷大臣が述べ、総理は、日本人が乗船していない船を守り得ると答弁いたしました。

存立危機事態なるものが一体どこにあるんですか。立法事実そのものが跡形もなく消滅したことになるではありませんか。

## 秘密保護法で隠蔽される情報

そもそも、存立危機事態なるものの要件はきわめて曖昧であり、結局、武力行使の判断を時の政府に白紙委任することになります。それを判断するに至った情報は、国会にも国民にも明らかにされず、秘密保護法によって隠蔽されてしまいます。政府は、必要最小限度の武力行使にとどまるなどと言いますが、法文上は、存立危機武力攻撃を排除し、速やかな終結を図ると規定しており、速やかな終結を図るためには最大限の武力行使になりかねないではありませんか。

米軍等の武器等防護の規定を新設し、平時から米軍の空母や爆撃機の護衛を可能としていることも重大であります。地理的、時間的限定なく、国会の関与もなく、防衛大臣の判断一つで集団的自衛権の行使に踏み込むことを可能にするものであり、到底許されるものではありません。

集団的自衛権は、先進国が海外での権益を守るために考え出された概念であり、アメリカの主張で国連憲章に盛り込まれたことが中央公聴会でも指摘されました。アメリカのベトナム戦争や旧ソ連のアフガン侵攻など、大国による軍事介入の口実とされてきた集団的自衛権の行使に日本が踏み込むことは、アメリカの無法な戦争に自衛隊が武力行使をもって参戦することにほかならず、その危険性は計り知れません。

反対理由の第二は、米軍などへの軍事支援は、政府が憲法上許されないとしてきた武力行使との一体化そのものだからであります。

周辺事態法を重要影響事態法にして地理的制約を取り払い、国際平和支援法も制定をして地球の裏側であっても米軍支援を可能にすることは、断じて容認できません。法案が規定をする補給や輸送、修理・整備、医療、通信などの活動は、武力行使と一体不可分の兵たんそのものであり、戦争行為の必要不可欠の要素を成すことは、国際的にも軍事的にも常識中の常識ではありませんか。

政府はこれまで、非戦闘地域であれば武力行使と一体化しないなどと強弁してきましたが、その建前さえも取り払い、現に戦闘行為が行われている現場でなければ軍事支援を可能とするのが今回の法案にほかなりません。

しかも、従来は憲法上慎重な検討を要するとしてきた弾薬の提供や、戦闘作戦行動に発進準備中の航空機に対する給油、整備まで実行可能としています。海上自衛隊の内部文書では、米軍ヘリが自衛隊のヘリ空母に着艦し、給油、整備の後、他国の潜水艦への攻撃を繰り返すことが明示されていました。世界中の誰が見ても、米国と一緒に戦争していることになるではありませんか。

自衛隊が輸送する武器弾薬に何ら限定はなく、米軍のミサイルや戦車はおろか、非人道的兵器であるクラスター弾や劣化ウラン弾、核兵器であっても法文上は排除されない。まさしく歯止めなき米軍支援であることも、日本中に衝撃を広げたではありませんか。

反対理由の第三は、今回の戦争法案が、日米新ガイドラインの実行法であり、アメリカの戦争に、いつでも、どこでも、どんな戦争でも、自衛隊が参戦するためのものにほかならないことであります。

政府は、日本の平和と安全のためと言いますが、新ガイドラインは、日米が共同計画を策定、更新し、地球的規模で平時から有事に至るあらゆる段階で切れ目なく共同対処することを明記しています。

## 統幕の内部文書が露わにしたもの

統合幕僚監部の内部文書には、日米両政府にわたる同盟調整メカニズムを常設し、そこに軍軍間の調整所を設置することが明記されていました。これは、アメリカが世界のどこであれ戦争を引き起こした場合に、米軍の指揮下であらかじめ策定した作戦・動員計画に基づき、自衛隊、政府、自治体、民間事業者がアメリカへの戦争協力を実行するものであります。まさに自動参戦装置であり、我が国の主権を投げ捨てるものにほかならないではありませんか。

第二次世界大戦後のアメリカは、国連憲章と国際法を踏みにじり、先制攻撃の戦争を繰り返してまいりました。ところが、日本政府は、こうした戦争に対して国際法違反として反対を表明したことはただの一度もありません。総理は、違法な武力行使をした国を支援することはないと言いますが、ただの一度もアメリカの戦争に反対したことのない政府が、アメリカの先制攻撃に唯々諾々と付き従うことになるのは、火を見るよりも明らかではありませんか。

新ガイドラインは、日米間の軍事協力を地球規模に拡大するとともに、米国などに対する武力攻撃に対処するため日本が武力を行使することも明記しています。これは、日米安保条約の大改悪にほかなりません。国民的な議論も国会の承認もなく条約の根幹を改定するなど、到底許されることではありません。

自衛隊の統合幕僚長の訪米会談録も明るみに出ました。河野統幕長は、昨年一二月に訪米し、法案の今年夏までの成立を米軍に約束していた。紛れもなく、紛れもなく軍の暴走であり、この法案が、自衛隊が海外で米軍と肩を並べて戦争するためのものであることをこれほど露骨に示すものはありません。しかし、安倍政権は、この自衛隊の暴走をかばい、真相解明に背を向けています。自民党の議員は、その情報入手を防衛省に対して調査しろと言う。まるで戦前の特高警察そのものではありませんか。

今から八四年前、もう昨日になりましたが、九月一八日に起きた柳条湖事件は、中国大陸への本格的な侵略を開始するものでした。当時の軍部の独走が日本とアジアの民衆に筆舌に尽くし難い苦しみと犠牲をもたらしたことを今こそ思い起こすべきときではないでしょうか。

本法案が憲法違反であることは、今や明々白々です。圧倒的多数の憲法学者を始め、歴代内閣法制局長官、最高裁元長官、裁判官のＯＢが次々と怒りに満ちた批判の声を上げています。学生が、研究者が、文化人が、ベビーカーを押したママたちが、そして戦争を体験した高齢者が、思い思いの自分の言葉で反対の声を上げています。七割に上る国民が今国会での戦争法案の成立に反対し、審議は尽くされていないと答えているではありませんか。

地方公聴会で、弁護士の水上貴央氏はこう述べました。国会は立法をするところです。政府に白紙委任を与える場所ではありません。ここまで重要な問題が審議において明確になり、今の法案が政府自身の説明とも重大な乖離がある状態でこの法案を通してしまう場合は、もはや国会に存在意義などありません。これは単なる多数決主義であって、民主主義ではありません。与党の皆さんは、この重い指摘にどう答えるんですか。

## 新しい政治を求める怒濤のような動き

特別委員会での強行に重ねて、この本会議では、自らの討論時間を自らの投票によって制限をし、そして強行成立をさせる。言論を封殺するファッショ的なやり方は、まさに議会の、議会人の自殺行為であり、断じて許されるものではありません。

今、国会を取り巻き、あるいは全国津々浦々で安倍政治を許さないと声を上げている人々の怒りは、立憲主義と民主主義を否定するこの政治へのかつてなく深い怒りであります。それは、本院での中央公聴会でＳＥＡＬＤｓの奥田愛基さんが語ったように、この国の未来について、主体的に一人一人、個人として考え、立ち上がっていったものです。時間時間と時間のことしか言わない恥ずべき議員は、議会から去れと私は申し上げたいと思います。

**議長**（山崎正昭君）　小池君、時間が経過いたしております。簡単に願います。

憲法を踏みにじる政治は、日本の社会と国民を確実に変えつつあります。戦後の歴史に例を見ないような規模での国民的な運動、新しい政治を求める怒濤のような動きは誰にも押しとどめることはできません。そして、この流れは、必ずや自民党、公明党の政治を打ち倒すまで続くであろうということを私は申し上げたい。

あらためて、憲法破壊の戦争法案は、断固として、断固として廃案とすべきであります。日本共産党は、戦後最悪の安倍政権を打倒し、この国の政治に立憲主義、民主主義、平和主義を取り戻すため、あらゆる政党、団体、個人のみなさんと力を合わせて闘い抜く決意を表明し、憲法違反の希代の悪法、戦争法案に対する怒りを込めた反対討論といたします。

ありがとうございました。

# 国会前スピーチ　二〇一五年九月一九日

大澤茉実（SEALDs KANSAI）

おはようございます。SEALDs KANSAIの大澤茉実と申します。

今、（奥田）愛基くんが紹介してくれたんですが、私は二年前ぐらいに、半年間かもうちょっと、ずっと、ずっと家の中にいて、なんか「こんな社会で」とか思って、ずっとアニメとアイドルとかばっかり見て、人と話したくなくって。

でも、今ここにいて、自分がこうやって喋って、愛基くん、さっき、「あの時（中学生の時）の俺が自分見たらどう思うんやろう」みたいなこと言ってたんですけど。でも、私、たぶんあん時の自分が今の私見たら、「よかったね」と言うと思います。「これだけ、この社会に希望が持てるようになってよかったね」って、たぶん言うと思います。

だって、ここにいる人たちを見て、関西で一緒にたくさんの人と……。

最初の抗議の時三〇人やったんですけど、今日の抗議には六〇〇〇人集まってる、そういう景色を見てるなかで、安倍首相には、この社会のいっぱい偉そばっている人には、私たちの民主主義も、平和も、立憲主義も奪うことはできないと、わかりました。

私、引きこもってて。でも、今は私を支えてくれる女の子たちがいて、でも、彼女たちは、彼女たちの一人は、たとえば、家に帰っても、ご飯が出ないんです。

それは、お母さんがどこかへ行ってしまって、お父さんも仕事に夢中で、冷蔵庫に何もなくって、調理器具もなくって、その子も料理の作り方知らんくって、いつもお菓子ばっかり食べてて、コンビニで売ってる最新のお菓子とかいつも教えてくれて。

その子にこの間、首相の名前聞いたら「アベノタカシ」って言われました。これ、めっちゃおもしろいけど、でも、私全然笑えなくって、その時。

だって、首相の名前も知らなくって、安保法案の「あ」の字も知らなくって、国会で今どんだけやばい会議がされてるかってことも知らんくって。

その子がただ明日何食べていくかとか、親に愛されたいとか、そんなことを思ってる間に、その子にいちばん関係する法案が、こんな無茶苦茶な形で通ってて。私はそれ聞いて、笑えなくって、涙が止まらなくって……。

その子は、ここに来ることができません。だから、代わりじゃないけど、私は今日その子の分も声を上げたいです。スピーチさせて下さい。

安倍首相は数の力で憲法違反のことを押し進めることはできますが、ここに集まっている声を消すことはできません。国民の多くが気づき始めた、政権の危うさに対する疑念を拭い去ることはできません。

私たちが戦わねばならない相手は、海の外には一人もいないんです。私たちが戦うべき相手は、立憲主義を無視し、議論にならない答弁を繰り返し、民衆の声に耳を傾けず、平和より戦争を好む、この国の首相です。

ＳＥＡＬＤｓの活動をしていると、よく将来の夢を聞かれるし、「政治家にならないんですか?」とか、「政党作らないんですか?」とか言われるんですが、私個人としてはそれを否定します。

私にはぼんやりとやけど、昔からしたら考えられへんけど、三〇年後くらいに叶えたい夢があるんです。夢ができました。

それはちっちゃな喫茶店をすることです。どこかの下町で、狭いお店がいいんです。

近所の小学生が力作の絵を持ってきたら、ジュース無料であげちゃうようなお店です。

長時間、勉強や読書をしていても居心地が悪くならないお店です。

明日どうやって生きていったらわからなくなった人が、何となく立ち寄るようなお店です。

今日はちょっとお家に帰りたくないなと思っている女の子が、コーヒー一杯で粘れるお店です。

自分はどこにも帰る場所がないと思った時に、ふと思い出すようなお店です。

親子丼とコーヒーのおいしいお店です。

私は政治家になんかになりたくない。でも、国会で寝ている議員よりも、ずっと真剣に政治のことを考えている自信があります。それは、叶えたい夢と、生きて行きたい未来があるからです。毎日命を懸命に生きているからです。

そして、そのささやかな夢や、生活や、命を守るのも殺すのも、紛れもなく政治だからです。

だから、この国の政治家のトップに、「国民の理解は関係ない」とか言われたら困るんです。だから、「立憲主義って何ですか?」とか、国会議員が言い出したら困るんです。

私は、決してそれを政治家として主張したいんじゃない。その政治のプロの方々の、あまりにも軽々しい言葉が、いちばん影響を及ぼす、いちばん立場の弱い者として、命を馬鹿にした勉強不足の政治家には「辞めていただきたい」と言いたいんです。

多国間の戦争に首を突っ込んで、人を殺す手伝いをして、国民が納得しなければ、憲法を無視しても法案を通してしまうような国の、どこが美しいんでしょうか。

普通の国じゃないと言われても、自分たちの信じる平和の作り方を貫き、世界でいちばん新しい普通の国になろうとする方がよっぽど美しい。それは地味で、時に非難されるかもしれませんが、私は何千人を殺して普通の仲間入りをするよりも、一人を救うために奔走して、バカにされる方がずっといい。

武装しまくった威圧感よりも、少しずつ作り上げた信頼で自分の身を守りたい。

全国で怒りの声をあげる全ての人が、ここにいる私たちが、「国民の理解は関係ない」と言い放った独裁者を絶対に忘れません。「憲法学者は関係ない、法的安定性は関係ない」と、平気な顔で言う議員一人ひとりを忘れません。立憲主義をご存じない議員も、それを無視する政党もこの怒りと一緒に絶対に忘れません。

この法案が通って死ぬのは民主主義ではなく、現政権とその独裁政治です。

民主主義は止まらないんです。

次の選挙で彼らを必ず引きずり下ろしましょう。それができるのは、できるのもしなきゃいけないのも、政治家ではない私たちです。やれることは、全部やる。私は絶対に諦めません。二〇一五年九月一九日、大澤茉実、私は強行採決に反対し、安倍政権の退陣を求めます。

## 国会前スピーチ　二〇一五年九月一九日

みき
（SEALDs）

みなさん、お疲れさまです。

ここへ立って初めてまだこんなに人が一杯いることを知りました。このスピーチはさっき、夜、したんですけど、法案が通ると思ってない、そんな前に書いたスピーチで、でも私が言いたいことは、採決された後だって変わらないという意味を込めて、またこのスピーチをさせていただきます。

私はこの夏、たくさんの言葉に出会いました。えらいね、がんばれという応援や、励ましの言葉、「私も一緒にがんばる」という心強い言葉、「そんなことして何になる、バカなことはやめろ」という叱責の言葉。誹謗中傷や無言で訴える中傷にも。ネット上では賛成派と反対派が互いの言葉尻を取って、挙げ足を取りあい、私は目を付けられないように必死になるばかりです。いつの間にかシンプルな言葉では、物を語れなくなりました。

それは、だけど当然かもしれません。この法案のことを、命や戦争のことを、そんな簡単な言葉で伝えられるはずがありません。顔を付き合わせずに話し合えるはずがありません。だけど発言するのは、いつだって責任が伴い、私にとっては怖いことです。だけどやっぱりどうしても政治に、政治家に言いたいことがあって、今日はここでマイクを持たせてもらっています。

私が言いたいことは、戦争が、武力が、犠牲の上の平和や幸福がいやだということです。

今の私があるのは、たくさんの犠牲の上で経済成長してきた日本と、たくさんの人の努力によって支えられてきた平和教育があるからです。だけど、だからこそ、あらゆる犠牲の上に生きる自分も繰り返し振り返り、このままではいけないと認め、考え、行動し続けていきたいんです。ましてや沖縄の人が犠牲になることも、自衛隊員やアメリカ人兵士が血を流すことも、仮想敵国の市民や兵士が敵と見なされ怪我を負うことも、何とかして変えられないか、考え、生きていきたいんです。

誰も傷つかない社会に変えられ、構築する平和に、少しでも近い姿を求めて、ここにこんなにもこうして人が集まっている。この事実こそが、これからの日本の安全保障の方向性を照らす希望そのものではないですか。

その可能性を諦めずに続けてきた人がこれまでも、そして今もたくさんいることを私は知っています。そして、同じように私もそれを諦めたくはありません。審議は尽くされたと言うけれど、この夏に聞いた政府の言葉は、その多くがごまかしの言葉に思えました。

後方支援、武力行使、そして戦争、平和と安全、国民の生命、自由、幸福追求の権利とは、いったいどういうもののことを指しているのでしょうか？

「一般的にどう言われている」とか「海外では普通」だとか、そんなことを聞いているんじゃない。平和主義を掲げる国の代表として、平和や戦争というものをどうとらえているのか？　また、一個人としてどう生きていきたいのかを知りたいんです。首相にとっての戦争って何なんですか？　平和って何なんですか？　犠牲って何ですか？　アメリカの選択はいつでも正しいものだったんでしょうか？　日本のこれまでの戦争について、首相はどう考えているのか？　仮想敵国の市民の命についてどう考えているのか？　武器を、銃口を突きつけられるであろう人の命、そして突きつける側の人の心についてどう思っているのか、教えて下さい。

言葉を尽くしてこの質問に答えてほしい。あなたたちの真意がわからないまま、この法案を通すわけにはいかないんです。

私は、戦争は全てを壊す暴力行為だと思っています。どんな理由があろうとも、銃口を人に向けるという行為は正義なんかにはなり得ません。その準備を日本は本当にしなくてはいけないんでしょうか？　他に方法はないんでしょうか？　法案が成立しアメリカに追従すれば、必ずどこかの国で血は流れ、日本人も被害者や加害者になるでしょう。人は傷つき痛みを感じます。それ以上にたくさんの人が亡くなります。

それが、日本に、もはや政治家自身や、その家族にさえ降りかからなければ、それでいいんでしょうか？　それが政府にとっての平和なんでしょうか？　本当に守りたいものは何なんでしょうか？　私にとっては、平和は戦争・貧困・格差などの暴力のない世界のことです。人の生活を脅かして得る安全を私は平和とは呼びません。

たとえこの考えが少数派であっても、少数派になっても、現実的でないと言われても、私は犠牲のない平和を求める努力を惜しみません。

目指すところから始めないと何も始まらないからです。だけど平和を作るのは大変です。国際支援の活動で、私は人ひとりを救うことがどれだけ大変か、どれだけの人が話し合い、協力し合い、成り立っているのか、を学びました。人の命を救うことは決して簡単じゃない。平和を築くのには時間がかかる、そんなことはわかっている、だけど簡単に諦めたくない。

今の日本ができる可能な限りの努力をしていきたい。ここにいる国民一人ひとりが考えて、政治家と共に行動すれば平和主義を貫ける、この可能性をどうか信じてほしい。

国会議事堂の柔らかな、立派な椅子に座りながら見下ろす私たちの姿は、政治家に、政治家の目にどう映っているのでしょうか。

こんなに国会前に通う日が来るとは私は思っても見なかった。政治家一人ひとりの決断で、発言で、私たち一人ひとりの日常は、こんなにも変化します。群衆ではありません。ここにいるのは、一人ひとりが人生を持つ人間なんです。守られたきれいで立派な空間で話し合われたことが、人に汗を流させ、時には傷つけることがあるということを、どうか、政治家には忘れないでほしい。また同時に私たちが求めさえすれば、生活も社会を良いものにしてくれることがあるということを私は忘れずにいます。そこから見下ろす景色にうぬぼれることなく、一人の人間として考え行動してほしい。

何度でも聞きます、この法案は何を守るためのものなんですか？　言葉で言うのは簡単だけれど、武力行使、戦争、これは、自由や幸福、命というものの重みを想像し、しっかり受け止めてほしい。

そしてどうか、これらが政府や首相にとってどんなものなのか、その答えがもしもあるなら、言葉を尽くして私たちに教えて下さい。対話の姿勢を見せて下さい。私たちは「戦争をしたくない」、この一点で、少なくとも国民はつながっているはずです。誰も「死にたくない、殺されたくない、殺したくない」、その方法をもっと話し合いましょう。そのための時間と真摯な姿勢を政治家には求めたい。

私利私欲におぼれない、怒りで我を忘れない、冷静な判断をしてほしい。私は主権者としていつまでも自ら主張し、行動し続けます。そしてこの夏の、この今日の出来事を決して忘れることはありません。ありがとうございました。

## 国会前スピーチ　二〇一五年九月一九日

奥田愛基

いまもう三時を越えています。みなさん電車で帰りましょうとは言えないので、どうですか、最後までコールやりますか？（歓声）

なかなかないっすよ？　でも、おれも朝までやりきったらあとやるしかねえって気持でたぶん始発で帰ると思うんで、始発で帰れるのか知らないけど、ゴミ拾いはして帰りましょうね。だいじょうぶですか？　もうだんだん持久戦になってきますからいろんなコールとかいろんなリズムになってきますけど、だいじょうぶですか？（歓声）

無理はしないで下さい。全然今日で終わりじゃないので、もう山本太郎さんの話聞いたらわかるでしょ。今日で終わりじゃないですよ絶対。

あんな演説聞いて死んじゃったら、もう後悔してもしきれないですよ。もっとマシな演説聞かせろ！　ってかんじですよね。そういう日が来ると思うんで、その日までがんばりましょう。法案についてなんですけど、先日小林節先生とかいろんな人に会ってきて、もうすでに違憲訴訟の準備をしているということです。

違憲の法案なんで、違憲訴訟起こして廃案にさせると。でも、それにはまだ時間がかかるし、一年半ぐらいかかると。一年以上かかるんだったら、小林先生も国会の陳述で言ってましたけど、選挙の方が早いね、と。

もう一つあった。自衛隊の出航の予定が出てるんです。来年の二月に、もう南スーダンに現行法制のもとで自衛隊を派遣する日程が出ています。まじです。選挙前に戦争起こっちゃうんですよ。

ただ、それで考えてほしいのは、こんなひどい法案って、与党の人もそうそう簡単に使えないと思うんです。

またこの法をどう使うかも、現内閣が総合的に判断するということですけど、逆に言ったら世論の動き次第では、これは行かせられないということになると思うんですよね。

そう考えると、通った後でも使わせない法案ってあるわけですよ、使えても使えない法案。そう考えると、これからも選挙以外で声上げたりとか、自分たちの思いを表明することは相当意味のあることなんですよ。ていうかあたりまえのことです。

わかんないですよ、おれはもうやらないとなるかもしれない。おれらは毎週言ってきました。ぼくらはもう十何週間毎週金曜日ここでやってて、毎回終わるたびに来週は休んでいいんじゃないの、と。

これから毎週続ける気は、すみません、ありません。ぶっちゃけ学校が始まって、それどころじゃないからです。

ですがですね、聞いて下さい。二か月に一ぺんくらいはいいんじゃないですか？　一か月に一ぺんくらいいいんじゃないですか？

だいたいここ何人いるんだよって話ですよ、一二時越えて。これ普通にデモやったら超大規模なデモですよ。

また、どういうふうな主催かわかりませんし、別に主催がどこでもいいでしょ、もう。

さっきも若いひとたちが、ＳＥＡＬＤｓがとか言ってて　おれ見渡したんですね。確かにいま七〇代八〇代の人はおられないと思うんですけど、あまり。いますか？　八〇代の人とか。あまりいないと。まあ比較的若いと思うんですけど、でも二〇代ってわけじゃないでしょ、みなさん。そんな老けた学生そんないないでしょ（笑）。おれだって言ってるんですよ、別に一万人くらいSEALDsがいますってわけじゃなくて、普通に気がついた人たちが声上げてるだけなんですよ。

だから後の方は、幟がいっぱいあって、いろんな団体がどうのこうのっていう感じだったと思うんですけど、別にそんなのどうでもいいと思ってます。SEALDsさえどうでもいいと思ってます。おれそれやってるから、言わなきゃいけないんですけど、知らない人にとってはどうでもいいと思うんですよ、どこが主催とか。

みなさんはこの法案に対しておかしいと思ってるから、今日たまたまここで抗議があるから来てるんですよ。そうじゃないですか？　どこかの政党云々じゃないでしょ。

おれこの幟の全然ない場の方が全然好きです。ここでみなさんはどこの誰だかわかんないまんま集まって、また帰っていくんですよ。それでいいじゃないですか。

それこそが我々が個人であるってことです。どっかの団体とか何かが我々を代表してるんじゃなくて、おれたち一人一人が自分自身を代表して、個別に思考して判断して行動する、それだけですよ。

それさえ忘れなかったら、この運動続くと思います。「運動」って言い方が正しいのかわかりません。だってなんでこのこと「運動」っていうんですか？　よくわからない。走ったりとかしてない、体力的にはきついけど（笑）。

いわゆる社会運動って、クソどうでもいいと思うんですよ。

それでも、自分はこう思ってこういうことやってみようかなとか、自分でプラカードつくってみようかなとか、そういうことの方がずっと尊いことですよ。それが信じられたら、ていうか、それを信じられてるから全国各地でおれたちの知らない仲間たちが声を上げてるんですよ。

この間も鳥取から友達が来て、島根からも仲間が来て、島根でも集会あって、おれ島根の高校出身だから、島根の状況知ってる。超過疎化してて、商店街崩れてて悲惨な状況ですよ。

でも、我々が生きてく社会はこれからそんなものなんですよ、残念ながら。二〇四〇年には市町村の約四〇%なくなるって言われてます。おれが高校時代育った島根県の町も、われわれが大人になったときはないかもしれない。

そんな町で大学生たちが一〇〇人くらい声を上げてるんですよ。

おれ別に命令してないですよ！　勝手にネット見てやってるんですよ。長野県の街だって六〇〇人しかない町で二〇人のデモがあった。たった二〇人だけど、六〇〇人中の二〇人ですよ、やばくないっすか？　こんなことが起こってるんです。

それはまぎれもなく、どこかの団体がどうのこうのじゃなくて、やろうと思ってやったんですよ。それ以上の説明ができないじゃないですか。

しかも、その長野県のおじいちゃんたちが僕らのコール見て、練習してるんですよ。ちょっと速いって怒られました。やりやすいコールでいいと思います(笑)。

おれが“Tell me What's DEMOCRACY looks like?”ってコールやってるのも、たまたまインターネットでオキュパイ・ウォールストリートの映像が流れてたんですよ。そんな訳わからないことが起こるんです、パブリック・エネミーも、まさか二〇一五年に、日本で学生たちが"Fight The Power"って言ってると思ってないですよ。

そう考えたらあきらめきれないことがあって、いまここでおれが言ってることも、一〇〇年たとうが二〇〇年たとうが、後の人たちが、「奥田って奴がいたのか」と、「二〇一五年の九月一九日には、こんなに人が国会前に集まったのか」と思うと思います。

ずっとずっと続いていく。これまでもずっと続いてきたんですよ。

だっておれたちはキング牧師のスピーチだって、チャップリンのスピーチだって見たし、アパルトヘイトの圧制と闘う黒人の人のスピーチも見たし、それは、あるラッパーのスピーチかもしれないし、哲学者の話かもしれないし、二〇〇〇年以上前に死んだ「神」と言われた人の話かもしれない。

もっと前かもしれない、国家という概念ができるかできないという古代ギリシャの民主主義かもしれない。

そういう話が今までつながってきたんです。

そう考えると、おれらのやってること、まったくまちがってない！

だからおれたちは負けない。何度も何度も歴史の中で立ち上がってきた人たちがいるし、おれたちもその一部でしかないと思ってます。

そして、さっきから大人がどうのこうの、国会議員の人がやたらはしゃいでくれましたが、そんなことはまったく関係ない！

撮影＝矢部真太（SEALDs）

あのスピーチ（公述）だって、僕が国会前で毎週友達のスピーチ聴いてたからああなったわけですよ。あんなことみんなすでに誰かが言ってます。

「一人ひとり孤独に思考し判断しろ」ですよ。

判断しろ！

誰にも代表されてないし、一人ひとり自分の頭で考えて、孤独に判断し、行動し続ける、それだけです。

それができているから、国会でふんぞり返ってる国会議員より僕らのほうが今は、先に進んでる、っていうだけの話です。

民主主義って何だ！　これだ！

民主主義って何だ！　これだ！

民主主義って何だ！　これだ！

**奥田愛基**

1992年生まれ．明治学院大学国際学部4年．2013年に立ち上げた特定秘密保護法に反対する学生団体「SASPL(サスプル)」を基に2015年5月「SEALDs(シールズ=自由と民主主義のための学生緊急行動)」を設立．

**倉持麟太郎**

1983年生まれ．慶応義塾大学法学部卒業，中央大学法科大学院修了．弁護士．日本弁護士連合会憲法問題対策本部幹事，慶應義塾大学法科大学院非常勤講師，東京圏雇用労働相談センター(TECC)相談員．平成27年衆議院平和安全法制特別委員会公聴会で公述人として意見陳述．

**福山哲郎**

1962年生まれ．民主党幹事長代理．参議院議員(京都・当選3回)．同志社大学法学部卒業．京都大学大学院法学研究科修士課程修了．京都造形芸術大学客員教授．著書に『原発危機 官邸からの証言』(ちくま新書)など．

2015年安保 国会の内と外で――民主主義をやり直す

2015年12月22日 第1刷発行
2016年2月5日 第2刷発行

著 者 奥田愛基《おくだあき》 倉持麟太郎《くらもちりんたろう》 福山哲郎《ふくやまてつろう》

発行者 岡本 厚

発行所 株式会社 岩波書店
〒101-8002 東京都千代田区一ツ橋2-5-5
電話案内 03-5210-4000
http://www.iwanami.co.jp/

印刷・理想社 カバー・半七印刷 製本・松岳社


ISBN 978-4-00-061099-5 Printed in Japan

戦争はさせない―デモと言論の力　鎌田慧　四六判一九二頁　本体一八〇〇円

改憲の何が問題か　奥平康弘　愛敬浩二　青井未帆　編　四六判二八二頁　本体一六〇〇円

右傾化する日本政治　中野晃一　岩波新書　本体七八〇円

検証　安倍イズム―胎動する新国家主義　柿﨑明二　岩波新書　本体八〇〇円

民主主義をあきらめない　浜矩子　柳澤協二　内橋克人　岩波ブックレット　本体五二〇円

岩波書店刊

定価は表示価格に消費税が加算されます
2016年1月現在